Lori Whatley
Nadira Pardo

Efeitos das mensagens de texto nas relações conjugais

Lori Whatley
Nadira Pardo

Efeitos das mensagens de texto nas relações conjugais

ScienciaScripts

Cover image: www.ingimage.com

This book is a translation from the original published under ISBN 978-620-2-30897-7.

Publisher:
Sciencia Scripts
is a trademark of
Dodo Books Indian Ocean Ltd. and OmniScriptum S.R.L publishing group

120 High Road, East Finchley, London, N2 9ED, United Kingdom
Str. Armeneasca 28/1, office 1, Chisinau MD-2012, Republic of Moldova, Europe
Printed at: see last page
ISBN: 978-620-8-06662-8

AGRADECIMENTOS

Gostaria de expressar a minha sincera gratidão à minha família, amigos, clientes e mentores, todos os meus maiores apoiantes nesta jornada. O amor, a paciência e o encorajamento de todos vós têm sido inabaláveis e deram-me a capacidade de avançar nesta viagem de doutoramento. Ben e Alden, cada um de vós assumiu responsabilidades por mim para que eu pudesse perseguir este sonho. Ambos me fazem rir todos os dias e grande parte da minha inspiração vem de vocês os dois. Darrell, ouviste os meus desafios e lembraste-me um dia de cada vez, sempre o mais calmo. Os meus pais, sempre orgulhosos e interessados, independentemente de tudo. A Diane, lembrou-me que é difícil, mas que é preciso fazê-lo na mesma.

Gostaria de agradecer aos meus clientes pela sua flexibilidade durante o meu horário louco e por serem sempre curiosos e encorajadores. Gostaria de agradecer à presidente do meu comité, a Dra. Pardo; este trabalho foi possível, em parte, devido à sua orientação especializada e ao seu encorajamento. O seu riso contagiante ficará para sempre na minha memória. Gostaria também de agradecer aos membros da minha comissão, a Dra. Pat McKiernan e a Dra. Laura Clevenger, pelo apoio adicional que deu ao meu projeto de doutoramento. A todos os mentores e funcionários da California Southern por estarem disponíveis e presentes com lições e conselhos úteis.

RESUMO

Um dos principais objectivos deste projeto de doutoramento é analisar a investigação sobre os efeitos das mensagens de texto na relação conjugal. As mensagens de texto têm a capacidade de ligar as pessoas rapidamente e de comunicar as informações necessárias, pelo que podem ser úteis. No entanto, também pode ser desadaptativo, resultando em falhas de comunicação e menos conversas pessoais, o que é problemático na relação conjugal. Os resultados do envio de mensagens de texto nas parcerias conjugais são explorados para incorporar os tipos de informação que é melhor enviar através de mensagens de texto e os problemas incluídos nas mensagens de texto. O objetivo deste estudo teórico é analisar e integrar as quantidades abundantes de dados sobre o envio de mensagens de texto na relação conjugal, abordando particularmente a forma como afecta o curso e o resultado das relações conjugais; que tipos de informação podem ser melhor transmitidos através de mensagens de texto; e quais são os problemas envolvidos quando as mensagens de texto são utilizadas na troca de informações importantes nos casamentos. O estudo será teórico e envolve uma revisão exaustiva e abrangente da literatura para determinar os efeitos das mensagens de texto na relação conjugal. Envolve uma interpretação hermenêutica da literatura. O estudo explora o tipo de comunicação que é melhor transmitido através de mensagens de texto em comparação com outros modos de comunicação, bem como as questões envolvidas quando as mensagens de texto são utilizadas na troca de informações importantes com um cônjuge. O avanço de um modelo teórico para explicar os efeitos das mensagens de texto na parceria conjugal sugere que a utilização constante de mensagens de texto conduz a uma menor intimidade na relação conjugal. Em geral, quanto mais um indivíduo utiliza as mensagens de texto para discutir tópicos importantes, apresentar questões difíceis e pedir desculpa, mais desagradáveis se tornam as interações face a face para os casais. As palavras-chave para esta investigação sobre a avaliação da relação do casal quando envia mensagens de texto são: casamento, casal, relação e factores de risco.

ÍNDICE DE CONTEÚDOS

CAPÍTULO UM

SÍNTESE DO ESTUDO

Um dos principais objectivos deste capítulo é analisar a investigação sobre os efeitos das mensagens de texto na relação conjugal. As mensagens de texto são uma forma eficaz de comunicação, mas são problemáticas nas relações conjugais (Berush, 2016). O uso da tecnologia tem crescido de forma constante durante muitos anos, distraindo-nos da comunicação pessoal. O envio de mensagens de texto é um dos maiores problemas na comunicação conjugal (Chiluwa, Chimuanya, Ajiboye, & Peter, 2015). Os casais não só perdem o valor da intimidade presencial nas conversas, como também interpretam mal o significado das declarações através das mensagens de texto.

Ocorreu uma mudança subtil na comunicação conjugal atual que merece atenção. Antes, a tecnologia complementava a interação pessoal, mas agora é uma parte importante da comunicação nas relações conjugais (Faulkner & Culwin, 2005). Mais de 90 por cento dos parceiros conjugais referem que enviam mensagens de texto para se ligarem a um parceiro pelo menos uma vez por dia (AlAfnan, 2017). Pettigrew (2009) sugere que os casais utilizam as mensagens de texto para limitar as conversas, encurtando-as. As mensagens de texto desempenham um papel importante nas relações românticas. A intimidade numa relação pode ser reduzida nos casamentos através da utilização de mensagens de texto como forma de comunicação fundamental. Este estudo investiga, através de um estudo teórico, o efeito das mensagens de texto nas relações conjugais e se a satisfação com as mensagens de texto está correlacionada com a satisfação relacional (Hemmer, 2009). O estudo é conduzido através de uma lente teórica de fenomenologia hermenêutica.

Antecedentes do problema

O problema em muitas relações conjugais é a falta de comunicação pessoal e, agora que a tecnologia é predominante, as mensagens de texto tornaram-se uma das formas mais populares de comunicação entre casais. Este facto pode ser prejudicial para a relação, uma vez que as mensagens podem ser mal interpretadas através de textos e perder-se o seu verdadeiro significado (Jen & Pena, 2010). As mensagens de texto também não permitem reuniões presenciais, comunicação presencial das necessidades e conversas sentidas no coração. A investigação revela que 82% dos casais trocam mensagens de texto entre si várias vezes por dia, de acordo com (Sandberg & Schade, 2013). O estudo revela que os homens afirmam que quanto mais frequentemente enviam mensagens de texto às suas parceiras, menor é a qualidade da relação que experimentam. As mulheres também afirmam que, quando enviam mensagens de texto para pedir desculpa ou simplesmente para manter a relação, também registam uma menor qualidade da relação (Reed, Tolman, & Sayfayer, 2015).

A influência da tecnologia nas nossas vidas não deve ser tomada de ânimo leve, nem o impacto que a tecnologia tem nas nossas relações. A tecnologia pode complicar as relações, uma vez que há menos interações cara a cara, o que distrai das interações pessoais e provoca interpretações erradas (Shanhong, 2014). Além disso, muitos de nós tornamo-nos guerreiros do teclado e dizemos coisas através de mensagens de texto que não teríamos coragem de dizer pessoalmente. Podemos optar por comunicar negativamente com o nosso parceiro desta forma, mais voluntariamente do que pessoalmente, e a relação pode sofrer (Wardecker, Chopik, Boyer, & Edelstein, 2016).

Um dos problemas das mensagens de texto é que são rápidas e fazemo-las rapidamente, em vez de dar prioridade à relação. As conversas relacionais importantes devem ser uma prioridade (Shanhong,

2014). Se a agenda de um dos cônjuges for mais importante do que o bem-estar do casamento, então existe uma situação difícil para começar. Por exemplo, se tiverem uma ocasião para irem juntos, mas a raiva não estiver resolvida, a resolução do ressentimento deve ter precedência sobre o facto de irem juntos ao evento (Sufferlin, 2013). Se já tivermos padrões de relacionamento prejudiciais, as mensagens de texto podem ser utilizadas de forma a prejudicar ainda mais a nossa relação, em vez de a melhorar. As mensagens de texto podem começar a prejudicar a comunicação ou a ligação de uma forma negativa (Coyne, Stockdale, Busby, Iverson & Grant, 2011).

Enquanto clínico, a discussão sobre o facto de as mensagens de texto serem problemáticas está a ocorrer nas conversas clínicas. Oito em cada dez casais em terapia referem este facto como problemático no casamento (Faulkner & Culwin, 2005). Compreender os efeitos das mensagens de texto nos casamentos pode eliminar possíveis problemas de comunicação que os casais com dificuldades na sua relação conjugal possam ter. As mensagens de texto exacerbam o distanciamento emocional na relação conjugal (Drouin, 2012). As mensagens de texto tornaram-se a norma social para a comunicação. Enviamos mensagens de texto sem pensar, porque o mundo diz que é uma forma aceitável de comunicar. Existe uma falsa sensação de segurança com as mensagens de texto (Hemmer, 2009).

Quase parece que as palavras enviadas por mensagem de texto não vão despoletar agitação emocional nas relações, trazendo à superfície emoções numa conversa que começou inofensivamente. Muitas vezes, são enviadas palavras insignificantes que estão ligadas inconscientemente a raízes emocionais mais significativas ou a pontos cegos na comunicação (Pettigrew, 2009). A sensibilização para os efeitos negativos das mensagens de texto pode incentivar uma ligação mais rica nas relações conjugais. O objetivo deste estudo é interpretar a investigação atual para fundamentar a forma como as mensagens de texto, enquanto comportamento de comunicação, podem ser um comportamento de comunicação negativo para a relação conjugal (Servies, 2012).

Declaração do problema

A comunicação de um casal deve construir intimidade e proximidade. A intimidade é a capacidade de se relacionar com outro ser humano a um nível profundo e personalizado

(Sufferlin, 2013). A interação através de mensagens de texto cria isolamento e compromete a interação pessoal com o parceiro. As mensagens de texto são frequentemente enviadas quando se está ocupado e, muitas vezes, a pessoa que as envia está preocupada (Solis, 2007). Há alturas em que o parceiro, o que complica ainda mais os problemas da relação, interpreta mal a mensagem enviada. As relações fortes são construídas com base na comunicação, mas a qualidade da relação pode ser prejudicada pelas mensagens de texto (Hertlein & Ancheta, 2014). As mensagens de texto são

é atualmente o principal meio de comunicação no casamento, tendo quase ocultado outros modos de comunicação relacional, como as conversas pessoais (Lucero, Weisz, Smith-

Darden, & Lucero, 2014). As mensagens de texto podem criar tensão e causar conflito ou frustração nas relações conjugais. Não existe uma duração típica da mensagem, um tempo de resposta ou uma frequência de interação (Reed et al., 2015). Isto deixa os utilizadores à mercê da interpretação das mensagens de texto dos parceiros. A investigação observa que os parceiros nas relações conjugais não acreditam que as mensagens de texto sejam ideais para a troca de informações importantes que envolvam emoções (Solis, 2007).

As relações deterioram-se à medida que substituem as interações pessoais por comunicações menos íntimas, como as mensagens de texto (Mentor, 2017). Os homens tendem a utilizar as mensagens de texto para criar distância e as mulheres utilizam-nas para resolver problemas de ligação (Mentor, 2017). A investigação sustenta que as mensagens de texto são úteis no início das relações, mas é melhor deixá-las para trás quando surgem conflitos profundos.

Objetivo do estudo

Este estudo explora os efeitos das mensagens de texto no casamento (Wardecker et al., 2016). É teórico e envolve uma revisão completa e abrangente da literatura. Demonstra os efeitos das mensagens de texto na relação conjugal. Envolve uma interpretação hermenêutica da literatura. São abordadas as seguintes questões:

Primeira questão de investigação. Que tipo de informação é melhor transmitida através de mensagens de texto na relação conjugal em comparação com outros modos de comunicação?

Segunda questão de investigação. Quais são as questões envolvidas quando as mensagens de texto são utilizadas na troca de informações importantes com um cônjuge?

Questão de investigação três. Quais são os benefícios e as limitações das mensagens de texto como principal forma de comunicação no casamento?

As questões deste estudo teórico são, por natureza, descritivas. Elas detalham a relação entre o envio de mensagens de texto e as relações conjugais. As inferências podem ser retiradas da literatura existente. Estas perguntas determinam a forma como todo o processo decorre e ajudam a discernir o que se espera que seja compreendido na investigação (California Southern University, 2017).

Quadro teórico

Neste estudo qualitativo, é utilizada uma abordagem fenomenológica para compreender melhor a experiência vivida por pessoas casadas que utilizam as mensagens de texto como meio de comunicação com os seus parceiros. A hermenêutica serve de teoria psicológica e de base para o estudo (Kinsella, 2015). O objetivo do método hermenêutico é procurar a compreensão da investigação em vez de oferecer explicações. Induzir a compreensão e trazer à tona as pressuposições em que já vivemos é a tarefa deste projeto. Clarificar as condições interpretativas em que a compreensão tem lugar é o objetivo deste estudo através da revisão da literatura existente (Skirry, 2006).

O estudo teórico é uma pesquisa extensiva, revisão, análise e interpretação de estudos existentes para encontrar um novo significado. Este estudo procura identificar temas-chave, perspectivas e significados, e inclui métodos descritivos de estudo (Wilberg, 2006). A revisão da literatura procura informações sobre a comunicação e o envio de mensagens de texto como forma de comunicação, bem como os seus efeitos na relação conjugal. Os dados recolhidos são analisados para registar temas ou padrões importantes para a descrição de um fenómeno e a forma como estão associados às questões de investigação específicas deste estudo (Leung, 2017).

Por exemplo, a ciência ensina que o cérebro está constantemente a analisar o ambiente em busca de sinais de perigo e ameaças. O cérebro humano percepciona as ameaças físicas da mesma forma que percepciona as ameaças sociais (Johnson, 2008). O mesmo acontece no acesso às conversas. A informação que recolhemos é filtrada através dos cinco sentidos (Turkle, 2011). Os componentes não verbais da mensagem, como o tom de voz, o volume e o tom, são vitais para o seu significado. Nos textos, muitos destes elementos perdem-se e não têm qualquer detalhe contextual (Pew Research Center, 2014). Não possui os elementos emocionais não verbais da mensagem para interpretar e o cérebro quer essa informação, pelo que a inventa. O cérebro começa a preencher os componentes que faltam nessa mensagem com ideias inventadas, com base no estado de espírito do momento, ou em experiências passadas com essa pessoa, ou no que aconteceu com um indivíduo semelhante que disse algo do género, e muitos outros elementos também (Carroll, Hill, Yorgason, Larson & Sandberg 2013). As mensagens de texto podem ser contraproducentes na comunicação conjugal quando existe uma componente de relação emocional na mensagem. Sem os contextos não verbais, o cérebro pode inventar uma história de fundo e entender tudo errado, agravando ainda mais os problemas no relacionamento (Suler, 2010).

Muitos casais estão a utilizar as mensagens de texto para discutir questões não resolvidas no seu casamento. Os seres humanos foram concebidos para criar laços uns com os outros a vários níveis. Albert Mehrabian, um professor da UCLA, determinou que 58% da comunicação é feita através da linguagem corporal, 35% através do tom verbal, do tom e da ênfase e apenas 7% através da substância da mensagem (Berusch, 2016). As mensagens de texto tornaram-se uma forma habitual de comunicação e esses hábitos são difíceis de quebrar. Muitas pessoas enviam mensagens de texto para evitar revelar emoções vulneráveis, uma vez que ninguém consegue ouvir o tremor ou a irritação numa mensagem de texto (Rockinson, 2012). As mensagens de texto protegem o autor do texto de ter de ouvir a angústia do destinatário, quer se trate de choro, raiva ou tensão na voz. As mensagens de texto também dão ao comunicador influência sobre a conversa, incluindo o estabelecimento de limites com pessoas difíceis e tagarelas. Isto pode tornar-se manipulador se uma das partes se recusar a falar ao telefone. As mensagens de texto também gastam menos energia, utilizando menos palavras e frases do que outros modos de comunicação (Lister-Landman, Domoff, & Dubow, 2017).

Neste estudo de investigação teórica, o modelo cognitivo-comportamental é utilizado para compreender os efeitos do envio de mensagens de texto na relação conjugal. Este modelo inspira-se tanto na terapia comportamental, criada por Wolpe (1958), como na terapia cognitiva, criada por Beck, Rush, Shaw, & Emery (1979). O behaviorismo surgiu como uma resposta fervorosa ao ponto de vista psicodinâmico de Freud, que era considerado como carente de confirmação experimental e de rigor científico. Como alternativa, os behavioristas teorizam que, pelo facto de a mente não ser abertamente observável, não é passível de investigação científica (Cervone & Pervin, 2013). Assim, a cruzada da terapia comportamental concentra-se quase completamente nos estímulos, nas respostas e no ambiente e sustenta que os comportamentos, tanto adaptativos como desadaptativos, são aprendidos e, portanto, podem ser desaprendidos. Embora a origem da teoria cognitiva possa ser atribuída ao início da década de 1960, como uma rebelião ao behaviorismo, foi só na década de 1970 que o modelo se tornou convencional, e esta foi considerada a era da revolução cognitiva. O modelo surgiu devido ao descontentamento com os limites do behaviorismo e à sua oposição em aceitar a importância das práticas mentais, como pensamentos, crenças, interpretações e imagens (Cervone & Pervin, 2013).

Esta teoria propõe que os comportamentos são afectados pelos pensamentos sobre os acontecimentos e não pelos acontecimentos em si, e que estes pensamentos dão origem a reacções emocionais, respostas fisiológicas e comportamentais. A teoria cognitiva sugere que as cognições negativas involuntárias são as principais causas da ocorrência de angústia e são utilizadas para explicar as explicações negativas dos acontecimentos que ocorrem à nossa volta. Por detrás das nossas cognições negativas involuntárias existem visões nucleares (Cervone & Pervin, 2013), que são por vezes demonstradas como declarações abrangentes, por exemplo, "Devo enviar uma mensagem de texto ao meu parceiro com estas más notícias porque se lhe contar pessoalmente ele vai explodir." Estas cognições negativas automáticas são frequentemente inflexíveis e demasiado generalizadas, dificultando a adaptação a um ambiente em constante mudança e indefinido. A mistura das teorias comportamentais e cognitivas desenvolveu-se numa construção completa para interpretar o comportamento humano, afirmando que os nossos pensamentos influenciam as nossas acções e vice-versa (Cervone & Pervin, 2013).

O paradigma fenomenológico foi utilizado para explorar os dados. Giorgi (1985) apresenta as seguintes etapas concretas do paradigma fenomenológico científico humano: 1) recolha de dados verbais; 2) leitura dos dados; 3) divisão dos dados em partes; 4) organização e expressão dos dados em bruto numa linguagem disciplinar; e 5) expressão da estrutura do fenómeno. A fenomenologia está ligada principalmente aos trabalhos do filósofo alemão Edmund Husserl (1983), que é considerado o "pai" do programa fenomenológico (Morrissette, 1999). O fenomenólogo não é afetado pelas experiências do indivíduo com as suas compreensões pessoais e subjectivas, mas em vez disso, o fenomenólogo procura compreender os fundamentos à medida que estes caracterizam experiências comuns (Gallagher & Sorensen, 2006; Giorgi, 1985). É comummente aceite que o fundamento e a sequência do significado são difíceis de explicar, pelo que a razão do estudo fenomenológico é dar explicações bem definidas, sistemáticas e detalhadas dos significados da experiência (Polkinghome, 1983).

Este é um resumo da exploração fenomenológica usando as técnicas desenvolvidas por Giorgi (1985), fundamentadas nos esforços de Husserl (1983). Basicamente, consiste nas cinco etapas seguintes (Giorgi & Gallegos, 2005):

1) O investigador supõe a abordagem da redução fenomenológica, um ponto de vista psicológico, e tem em conta o fenómeno particular em estudo.

2) Dentro do ponto de vista acima, a descrição completa é revista para se ter uma ideia do todo.

3) Mantendo o ponto de vista anterior, uma vez compreendida uma ideia de toda a descrição, o investigador regressa e começa a reler a explicação. Uma unidade de significado é decidida da seguinte forma: Cada vez que o investigador nota uma mudança de significado na explicação a partir de um determinado ponto de vista, marca a descrição. No final desta etapa, toda a descrição é dividida em "partes práticas" para permitir a exploração.

4) Assim, dentro da mesma atitude, o investigador transforma as expressões típicas do participante em terminologias que são mais imediatamente reveladoras das definições psicológicas abrangidas pelas terminologias do participante.

5) O investigador decide então a disposição do conhecimento como uma influência para um estudo posterior (p. 198).

Uma exploração mais pormenorizada, passo a passo, expõe a recolha de informações (1) pode ser obtida a partir da descrição (Giorgi, 1985). As perguntas são abertas para dar liberdade de resposta ao participante. Uma descrição concreta e pormenorizada (Giorgi, 1985) é o que se procura nesta etapa. É importante notar que também são possíveis descrições posteriores por observadores, uma vez que o auto-relato na investigação fenomenológica é uma conveniência e não uma necessidade teórica (Giorgi, 1985, p. 245). As descrições tendem a ser mais curtas e mais organizadas.

Na leitura dos dados (2), poucos dados adicionais são necessários, uma vez que é auto-explicativo, exceto para reafirmar e tornar clara a ideia de que o método fenomenológico é holístico, pelo que uma revisão de todos os dados é significativa (Giorgi, 1985). Não é apropriado começar qualquer exploração neste ponto; esta etapa tem como objetivo assegurar um "sentido global" (Giorgi, 1985, p. 245) e uma "fundamentação" (Giorgi, 1985, p. 11) dos dados para a etapa seguinte.

A separação dos dados em partes ou "unidades de significado" (3) (Giorgi, 1985, p. 246) é o passo seguinte. Como a fenomenologia é apropriada para encontrar definições, a base da separação em partes é a "discriminação de significados" (Giorgi, 1985, p. 246). O procedimento de discriminação de sentido pressupõe a assunção prévia de um ponto de vista disciplinar (Giorgi, 1985). De acordo com Giorgi (1985), "...a realidade psicológica não está pronta no mundo e é simplesmente vista e tratada, mas tem de ser constituída pelo psicólogo" (p. 11).

As unidades de significado ativamente importantes são construídas através de: (a) uma revisão mais lenta da descrição, (b) cada vez que aparece uma mudança de significado, esta é assinalada, (c) a revisão é continuada até se distinguir a unidade de significado seguinte. É importante notar aqui que, de acordo com Giorgi (1985), "As unidades de significado não *existem* 'nas descrições'" (p. 246, itálico acrescentado) por si só, uma ideia muito significativa a considerar quando estiver a conduzir a sua investigação. No entanto, elas são antes constituídas pelo ponto de vista e pela atividade do investigador (Giorgi, 1985). De acordo com Giorgi (2008), a estrutura é constituída por constituintes-chave e pela ligação entre os constituintes-chave. Os constituintes são partes que reflectem o seu próprio papel na estrutura. As unidades de significado são partes funcionais, mas quando uma unidade de significado é determinada como parte integrante da estrutura, torna-se um constituinte. A abordagem fenomenológica é um processo orientado para a descoberta, pelo que o investigador necessita de uma atitude suficientemente aberta para permitir a emergência de significados inesperados. É aqui que se encontram algumas das críticas à fenomenologia, e a Giorgi, na literatura (Giorgi, 1985).

A etapa seguinte (4) consiste em transformar a linguagem quotidiana em linguagem psicológica. Depois de identificadas as unidades de significado, estas 'unidades de significado' devem ser "examinadas, sondadas e redescritas" (Giorgi, 1985, p. 247) para que o valor psicológico de cada unidade possa ser explicitado. A alternativa aqui é reafirmar os significados em termos de perspectivas pessoais, o que não está sujeito aos rigores de uma perspetiva psicológica (Giorgi, 1985). É aqui que entra em ação o conceito de "variação imaginativa livre" (Giorgi, 1985).

No âmbito da variação imaginativa livre, o objetivo do investigador é elucidar os aspectos psicológicos das descrições feitas por sujeitos (fenomenologicamente) ingénuos que expressam múltiplas realidades de forma enigmática e idiossincrática (Giorgi, 1985). Operacionalmente, o investigador começa a refletir sobre as possibilidades, as variações de estrutura e de significado, e depois descarta aquelas que não resistem à crítica. Isto cria uma transformação das qualidades de significado na direção da "realidade psicológica" (Giorgi, 1985, p. 18). Um exemplo é o facto de um sujeito fazer uma afirmação sobre o valor do "xadrez". Poderá esse valor ser elaborado de forma significativa para incluir também os "jogos"? E a "competição" em geral? Esta análise é depois repetida para cada unidade de significado adicional.

O quinto passo da análise é a expressão da estrutura do fenómeno. Da mesma forma que o quarto passo, as unidades de significado redescrevidas e transformadas (psicologicamente adaptadas) que são essenciais para descrever a estrutura da experiência concreta vivida a partir da perspetiva psicológica (Giorgi, 1985). O que se procura é "uma descrição coerente da estrutura psicológica do acontecimento" (Giorgi, 1985, p. 19). Obviamente, quanto maior for o número de sujeitos, maiores serão as variações, resultando numa maior capacidade de ver o que é essencial na estrutura (Giorgi, 1985).

É importante notar que todas as unidades de significado transformadas devem ser consideradas ou deve ser criada outra estrutura que dê conta de todas as unidades de significado transformadas (Giorgi, 1985). Uma estrutura única é o objetivo, mas não é um requisito da investigação fenomenológica e o investigador "...nunca deve forçar os dados a uma estrutura única" (Giorgi, 1985, p. 248). A(s) estrutura(s) é(são) depois transmitida(s) a outros investigadores para efeitos de validação ou crítica (Giorgi, 1985).

Embora o objetivo seja uma determinada estrutura de significado, Giorgi (1985) não sugere a utilização de um caso específico para a exploração fenomenológica. A razão é que uma única técnica não tem "um número suficiente de variações" (Giorgi, 2008). Giorgi (2008) sugere que "sejam incluídos pelo menos três participantes, porque é necessário um número suficiente de variações para se chegar a uma essência típica" (p. 39). Obviamente, não há certeza no número três; a qualidade da informação é o fator decisivo. Os participantes adicionais não são um esforço para tornar os resultados generalizáveis sob a lógica da amostragem; os seus dados são antes utilizados para avançar para uma estrutura de significado mais precisa. A fenomenologia é a disciplina ou técnica que tenta explorar, classificar, organizar e explicar a ocorrência de significados no fluxo de consciência (Giorgi, 1985).

Para realizar a análise dos dados da literatura associada, os artigos académicos escolhidos centram-se na relação do tema com as questões de investigação. Neste estudo teórico, a exploração e a incorporação das obras citadas - fontes primárias e secundárias - são totalmente qualitativas, empregando, assim, o raciocínio indutivo, a análise comparativa e a revisão temática. As análises são moldadas a partir da comparação subjetiva de tais resultados (Creswell, 2013). Os temas são reconhecidos com base nos assuntos dominantes e na sua ligação direta a uma determinada questão de investigação.

Uma caraterística essencial desta investigação é a exploração da comunicação via texto com um cônjuge e o tipo de informação que é enviada por SMS. Assim, uma das principais suposições que reforçam este estudo de doutoramento é que os cônjuges sentem discórdia quando enviam mensagens de texto com informações importantes um para o outro, em vez de conversarem pessoalmente. Este facto pode fazer com que algumas mensagens sejam mal interpretadas, aumentando assim a "desconexão" entre os parceiros. Presume-se também que as mensagens essenciais devem ser breves e que as mensagens de texto não devem ser utilizadas para evitar o cônjuge durante a transmissão de informações importantes.

Um princípio adicional em que se baseia este estudo de doutoramento é o de que os inquéritos utilizados nestes estudos que investigam tipos de condições para o envio de mensagens de texto seguiram os procedimentos adequados para a sua administração e emprego. Nos casos em que os investigadores não seguiram exatamente as orientações sugeridas, presume-se que estipularam esse dado, bem como o motivo pelo qual o fizeram. De forma conclusiva, outra suposição é a de que as entrevistas, os procedimentos e os inquéritos foram conduzidos por profissionais da área que obtiveram um ensino regulamentado na administração da avaliação ou dos procedimentos, e que estes profissionais respeitaram as diretrizes éticas para a utilização de participantes em investigação humana, tal como definidas pelo Código de Ética da APA (2010).

Uma limitação de qualquer revisão teórica é o facto de estar diretamente relacionada com os recursos de dados incorporados no estudo, que têm uma influência direta na análise subsequente dos dados. Com ênfase na forma como o envio de mensagens de texto está relacionado com a comunicação conjugal e a discórdia, *houve uma forte dependência* de medidas de auto-relato de evitamento, ansiedade, pensamento negativo repetitivo, intolerância à incerteza e outras medidas, sem tanta dependência de procedimentos implícitos, como investigações fisiológicas ou tarefas Stroop. Consequentemente, as parcialidades relacionadas com a utilização de procedimentos de auto-relato, como a fiabilidade, o incentivo, o preconceito de resposta, a administração de impressões e a auto-apresentação, podem ser evidentes e, com toda a probabilidade, distorcer os resultados da investigação. Uma outra limitação central desta investigação é o facto de o método teórico impedir a simplificação dos resultados para a população em geral. Por último, uma restrição adicional é a mudança de categoria das observações experimentais envolvidas.

Importância do estudo

Os casais podem beneficiar deste estudo, pois ajuda-os a compreender a importância de comunicar pessoalmente para criar intimidade e estabilidade no casamento. Este estudo também ajuda os casais a compreender de que forma o envio de mensagens de texto com informações importantes pode ter um impacto negativo na relação conjugal (Hampton, 2016). O envio de mensagens de texto é um dos principais meios de comunicação nas relações românticas e pode afetar as relações românticas por diversas razões. Esta investigação é significativa na medida em que investiga até que ponto as mensagens de texto influenciam as relações amorosas. A falta de compreensão sobre o impacto das mensagens de texto nas relações conjugais pode causar desilusão ou conflito nas relações (Perry & Werner-Wilson, 2011).

Este estudo centra-se nos efeitos das mensagens de texto nas relações conjugais e alarga a compreensão da investigação existente em torno deste meio de comunicação, concentrando-se no impacto que as mensagens de texto têm nas relações conjugais. Um dos objectivos deste estudo é compreender as desvantagens da troca de informações importantes através de mensagens de texto, das brigas através de mensagens de texto e de como as comunicações pessoais são mais vantajosas para a saúde dos casamentos.

Outro objetivo do estudo é compreender as ramificações do facto de os parceiros lerem as mensagens de texto um do outro para outras pessoas (Evans & Segerstrom, 2011). Isto pode fornecer provas escritas de segredos ou indiscrições, que podem tornar-se prejudiciais para a relação conjugal. O estudo tem um impacto significativo na possibilidade de interpretar mal o significado dos textos de um parceiro, uma vez que cada parceiro pode não ter uma compreensão mútua dos emoticons utilizados nas mensagens de texto, bem como do significado associado aos símbolos e à dicção utilizados nas mensagens de texto que constituem o contexto da troca (Creswell, 2013). Uma resposta lenta ou a falta de resposta a uma mensagem de texto do parceiro pode ser uma forma potencial de rejeição e ter um impacto negativo na relação conjugal. O objetivo do estudo é ajudar os cônjuges a compreender os efeitos negativos da utilização das mensagens de texto como principal meio de comunicação e, em vez disso, dar uma importância preponderante à comunicação face a face e à comunicação vocal nas relações (Chan, 2014). Compreender a investigação sobre a troca de informações importantes e perceber que a investigação vê as mensagens de texto como uma alternativa menor para trocas significativas no casamento é o significado deste estudo.

Limitações e Delimitações

A fenomenologia é a disciplina que se esforça por descobrir e explicar a presença de significados no lugar da consciência (Giorgio, 1985). De acordo com Giorgio (1985), uma delimitação do processo é o facto de o conceito orientador da fenomenologia como método não ser uma incorporação de base ampla de tudo o que se poderia fazer com uma descrição a partir de um quadro de referência fenomenológico. Em vez disso, o que se procura é parcialmente uma relação entre algum experimentador e algo experimentado (Polio, Henley, & Thompson, 1997). A noção existencial que aqui se aplica é a de que o ser não está isolado do mundo; pelo contrário, é sempre vivido como "no mundo" (Polio, et al., 1997). A experiência humana não é uma coisa invariável, mas uma perspetiva sensivelmente mutável relacionada com as circunstâncias, possibilidades e limitações do mundo (Polio, et al., 1997).

A fenomenologia não inicia a investigação com uma hipótese sobre o objeto de investigação. A fenomenologia preocupa-se em alcançar uma compreensão e um retrato adequado da estrutura experiencial da nossa vida mental. Não tem como objetivo desenvolver uma explicação naturalista (Zahavi & Gallagher, 2008).

De acordo com Giorgio (1985), existem três problemas gerais relacionados com o estudo qualitativo fenomenológico: 1) problemas devidos a uma falta de história 2) problemas devidos a uma falta de sentido claro da fenomenologia psicológica em oposição à fenomenologia filosófica e 3) problemas relacionados com a validade facial (Creswell, 2013). A segunda dificuldade decorre do facto de a fenomenologia ser uma filosofia e a psicologia uma ciência. Portanto, quando a fenomenologia e a psicologia são combinadas, os resultados são frequentemente confundidos com meras descrições por aqueles que não estão familiarizados com o método fenomenológico psicológico (Hooker, 2015). Isto vai diretamente ao encontro da terceira dificuldade da validade facial, porque a psicologia é uma ciência natural. O maior obstáculo aqui é que a fenomenologia psicológica não parece ser científica porque não são usadas medições, não são utilizados computadores ou outros aparelhos e o investigador está a lidar com significados, que são sempre subjectivos (Creswell 2013). A resposta de Giorgio (1985) a esta questão foi que a fenomenologia psicológica, o método qualitativo que está a ser desenvolvido, pode, em princípio, satisfazer tanto os critérios científicos como os fenomenológicos, baseando-se apenas no que foi alcançado até agora.

Definições e termos-chave

Todos os termos-chave pertinentes no âmbito deste projeto de doutoramento devem ser operacionalizados da seguinte forma:

Comunicação. Uma transferência de informação de uma pessoa para outra (Slater, & Gleason, 2012).

Casamento. Qualquer uma das diversas formas de união interpessoal estabelecidas em várias partes do mundo para formar um vínculo familiar (Collins, 2012).

Texting. Definido como o processo de envio e receção de breves mensagens escritas utilizando um telemóvel (Copeland, 2013).

Fenomenologia. Definida como o estudo do desenvolvimento da consciência humana e da auto-consciência (Bell, 1990).

F2F. Definida como comunicação face a face (Scissors, 2012).

Estas definições fornecem uma visão geral dos conceitos utilizados neste projeto de doutoramento para garantir questões de fiabilidade e validade, caso futuros investigadores pretendam reproduzir este estudo.

Organização

O estudo está organizado em cinco capítulos, sendo que o primeiro capítulo se centra numa visão geral da investigação, fornecendo uma introdução, a perspetiva do estudo, os antecedentes do problema e uma visão e perspetiva sobre a razão pela qual o estudo deve ser realizado. O segundo capítulo inclui a revisão da literatura. O capítulo três apresenta a metodologia envolvida no estudo. O capítulo quatro apresenta os resultados do estudo, articulados em resposta às questões de investigação. No último capítulo, é apresentada a discussão das conclusões do estudo.

CAPÍTULO DOIS

REVISÃO DA LITERATURA

As mensagens de texto têm a capacidade de ligar as pessoas rapidamente e de comunicar as informações necessárias, pelo que podem ser úteis. No entanto, também pode ser desadaptativo, resultando em falhas de comunicação e menos conversas pessoais, o que é problemático na relação conjugal. Existem diferenças marcantes entre o envio rápido de mensagens de texto com informações insignificantes e o envio de mensagens de texto para transmitir mensagens emocionais entre os cônjuges (Hampton, 2016). Muitas pesquisas foram feitas, levando muitos a concluir que as mensagens de texto não são úteis para atrair a intimidade para o relacionamento conjugal. É importante compreender os tipos de correspondência por mensagem de texto e como ela pode levar ao aumento dos problemas relacionais.

Como as mensagens de texto parecem ser dimensionais e podem agravar os problemas conjugais, compreender o uso de mensagens de texto é útil nos relacionamentos conjugais (Kinsella, 2015). Mais uma vez, os tipos de mensagens de texto determinam o efeito sobre o relacionamento conjugal e o efeito sobre o casamento. Além disso, a conveniência das mensagens de texto nas relações pode ser tanto útil como prejudicial. Ao criar um estudo aprofundado das mensagens de texto e da sua utilização no que diz respeito à relação conjugal, promove-se uma maior compreensão, o que melhora a utilização das mensagens de texto e constrói a coesão e a proximidade conjugal (Leung, 2017). Assim, este estudo preenche a lacuna na compreensão do uso de mensagens de texto ao considerá-lo na comunicação conjugal.

O capítulo começa com uma panorâmica dos vários modelos teóricos que foram propostos para explicar as mensagens de texto, que são assumidos no âmbito do quadro geral da terapia cognitivo-comportamental. Uma vez estabelecido este quadro, segue-se uma exploração das mensagens de texto no que se refere à relação conjugal, que inclui as questões envolvidas na troca de informações importantes com o cônjuge. São examinados os benefícios e as limitações das mensagens de texto como forma primária de comunicação no casamento.

Textos e modelos teóricos

Existe uma infinidade de modelos, nomeadamente comportamentais, para trabalhar a comunicação no casamento. Os modelos foram concebidos com base na atenção dedicada aos aspectos das crenças, cognições e atitudes associadas a uma má comunicação na relação conjugal. No entanto, elas diferem nos mecanismos cognitivos específicos, pelos quais explicam a etiologia e a manutenção da comunicação conjugal até o momento (Servies, 2017). A maioria dessas abordagens, que surgiram a partir de bases teóricas sólidas, tem sido útil para explicar a comunicação no casamento, projetar ferramentas de avaliação e intervenções de tratamento que visam supostas caraterísticas-chave da comunicação no casamento. Portanto, é imperativo que esses modelos sejam delineados antes de se prosseguir com a discussão sobre o processo de mensagens de texto como comunicação no casamento, não obstante as estruturas cognitivo-comportamentais que são usadas para explicar a etiologia e a manutenção da comunicação conjugal (Shanhong, 2014).

Os investigadores também acreditam que as mensagens de texto podem ser descritas como um tipo de comunicação ou uma caraterística da comunicação que está presente nos casamentos em que existe evitamento e falta de intimidade. Além disso, de uma perspetiva comportamental, estes investigadores acreditam que as mensagens de texto podem desenvolver processos clássicos de aprendizagem operante ou social, por exemplo, os cônjuges imitam as normas sociais na comunicação, como a utilização de mensagens de texto (Rockinson, 2012).

Modelo de mensagens de texto e evasão

Na tentativa de compreender a origem e a natureza das mensagens de texto, os investigadores examinaram os tipos de mensagens de texto envolvidos nas relações conjugais, essencialmente porque as mensagens de texto dos cônjuges eram susceptíveis de reforçar a ideia de que a comunicação presencial é assustadora para alguns cônjuges e que estes devem antecipar todos os resultados ameaçadores para os evitar ou preparar. Seguindo a teoria do medo e da evitação, que defende que os cônjuges têm medo da comunicação presencial através do condicionamento clássico e são reforçados negativamente para se envolverem em comportamentos de evitação que os afastam dos estímulos condicionais temidos, surgiu a teoria da evitação cognitiva (Reed et al., 2015). Este modelo explica que as pessoas se envolvem em processos mentais que se destinam a resolver problemas dos quais não podem fugir ou ainda não se depararam Borkovec, Alcaine, & Behar, (2004) observaram que o evitamento cognitivo opera através de dois mecanismos particulares: evitamento supersticioso percebido e evitamento experiencial. O primeiro sugere a ideia de que os cônjuges que enviam mensagens de texto são susceptíveis de subscrever a noção de que a comunicação presencial evita de alguma forma resultados negativos, enquanto o segundo sugere a propensão para evitar estados internos de angústia (Mentor, 2017)

De acordo com Borkovec et al. (2004), as pessoas envolvidas em evitamento envolvem-se frequentemente em processos linguísticos verbais repetitivos, numa tentativa de evitar imagens mentais de um resultado temido ou de silenciar as respostas somáticas a essas imagens. Ao evitar as imagens mentais de resultados temidos da comunicação pessoal, estas pessoas interrompem prematuramente processos que podem facilitar o processamento emocional da informação, obtendo assim alívio a curto prazo, embora mantendo a ansiedade a longo prazo, uma vez que a extinção não pode ocorrer. Embora Borkavec e os seus colegas (2004) tenham sido os primeiros a postular uma teoria abrangente do evitamento cognitivo, outros investigadores encontraram apoio para a utilização de estratégias de evitamento cognitivo para gerir a ansiedade, como a supressão e o controlo do pensamento Dugas, Laugesen, & Bukowski, (2012).

O evitamento experiencial é utilizado para explicar as mensagens de texto entre cônjuges, dando especial ênfase às formas como os indivíduos não estão dispostos a envolver-se nas suas experiências privadas, preferem mudá-las ou evitá-las (Hayes, Strosahl & Wilson, 1999). O modelo também sugere que os indivíduos tendem a tornar-se míopes com as suas perspectivas do futuro, inclinando-se para a ameaça, resultando num envolvimento restrito nas relações interpessoais (Hayes et al., 1999). É provável que os cônjuges com ansiedade sintam que experimentam emoções com maior intensidade, sentindo-se assim ameaçados por elas, e que têm menos controlo sobre a emoção (Borkovec et al., 2004). Isto faz com que o evitamento experiencial sirva como um mecanismo de evitamento cognitivo empregue como uma tentativa de regular as emoções na relação conjugal.

A natureza paradoxal desta crença é que evitar as experiências internas torna-as mais prevalecentes, perpetuando assim o material emocional negativo. Tanto o evitamento cognitivo como o evitamento experiencial, utilizados para considerar que a informação emocional enviada por SMS serve como dispositivo de evitamento, é mantido através de reforço negativo e proporciona a ilusão de controlo (Newman & Llera, 2011). O modelo de evitamento experiencial foi melhorado por Roemer e Orsillo (2002) e adaptado por teóricos baseados na aceitação e no empenhamento, que defendem que só através da aceitação pode ocorrer a recuperação de uma aventura indesejada nos sentimentos. (Hayes-Skelton, Roemer, Orsillo & Borkovec, 2013).

Modelo de mensagens de texto e ansiedade

A ansiedade é definida por caraterísticas relacionadas com medo excessivo, ansiedade e perturbações comportamentais relacionadas (APA, 2013). O medo é referido como a reação emocional que ocorre em resposta a ameaças reais ou percebidas, enquanto a ansiedade pode ser definida como uma apreensão de uma ameaça futura. A intolerância à incerteza tem uma função primária na iniciação e perpetuação de interpretações catastróficas, que tendem a desempenhar um papel significativo na ansiedade. A ansiedade social é o medo persistente do feedback crítico e da avaliação dos outros e tem três categorias distintas de sintomas, comportamentos, sintomas fisiológicos e cognições (APA, 2013). A ansiedade de interação representa o medo e as preocupações de ser escrutinado. De acordo com os investigadores, o medo ou a apreensão sobre resultados incertos em situações sociais medeia a experiência de ansiedade (Mentor, 2017).

A ansiedade é vista como o gatilho cognitivo por trás das mensagens de texto sobre informações stressantes na relação conjugal e é também influenciada por crenças negativas (Mentor, 2017). As crenças negativas exacerbam a ansiedade de ter conversas pessoais sobre informações ou emoções conjugais importantes, o que pode fazer com que o cônjuge envie as informações por mensagem de texto para evitar um confronto pessoal. O cônjuge pode sentir-se ansioso e acreditar que a conversa presencial levaria a manifestações emocionais negativas e, por isso, essa ansiedade faz com que evite a comunicação presencial e, em vez disso, recorra a mensagens de texto.

Mensagens de texto e o modelo de intolerância à incerteza

A ideia de que algumas pessoas não estão preparadas para tolerar a incerteza de determinadas situações levou os investigadores Dugas, Buhr e Landouceur (2004) a acreditar que a preocupação deve ser o resultado de uma intolerância à incerteza (IU). De acordo com os investigadores, a etiologia e a manutenção da preocupação devem-se à incapacidade de determinar o resultado exato de cada experiência, induzindo um conjunto de reacções cognitivas, emocionais e comportamentais que tentam proteger as pessoas de experiências negativas e inesperadas. Uma citação antiga e importante utilizada para concetualizar a razão pela qual algumas pessoas têm problemas em processar a incerteza foi apresentada por Lovecraft (1945), que afirmou: "A emoção mais antiga e mais forte da humanidade é o medo, e o tipo de medo mais antigo e mais forte é o medo do desconhecido" (p. 12). Este medo do desconhecido é a ponta de lança da compreensão da literatura sobre a UI e é a base sobre a qual as explicações do modelo foram concebidas e reformuladas.

Buhr e Dugas (2016) começaram por explicar a intolerância à incerteza como uma parcialidade cognitiva que exprime a consciência, a compreensão e as acções associadas à incerteza. Os investigadores afirmaram que muitas pessoas sentem a ambiguidade como algo penoso, o que frequentemente debilita a sua capacidade de atuar em situações em que não têm a certeza do resultado. Explicando melhor a UI como um preconceito cognitivo, apoiaram a ideia de que uma UI elevada resulta muitas vezes na consideração de possibilidades mais negativas, na compreensão de situações novas ou pouco claras como ameaçadoras e em acções agressivas de evitamento. De acordo com esta explicação, os investigadores descobriram que a probabilidade estatística de uma experiência negativa acontecer não é tão importante como a probabilidade da experiência (Carleton, Norton & Asmundson, 2007). Assim, apesar da improbabilidade estatística de uma resposta negativa, a possibilidade de um resultado negativo continua a ser suficiente para propagar pensamentos catastróficos (Carleton, et al., 2007).

Num refinamento adicional da definição, a UI foi explicada como "uma caraterística disposicional que resulta de um conjunto de crenças negativas sobre a incerteza e as suas implicações" (Dugas et al., 2004). De acordo com Dugas, Laugeson e Bukowski (2012), a IU serve uma vantagem evolutiva ao permitir-nos classificar novos estímulos como potencialmente perigosos, desencadeando um conjunto de mecanismos fisiológicos, como a resposta de fuga ou luta, que nos pode preparar para a ação, se necessário. No entanto, também notam que, para alguns indivíduos, a UI é tão generalizada e grave que um resultado negativo é preferível a um resultado incerto.

O modelo IU também defende que os indivíduos com preocupação patológica têm crenças positivas de que a preocupação é uma atividade mental construtiva. Estes ideais positivos são reforçados quando as conclusões temidas não se verificam (Dugas et al., 2004). Como resultado das percepções favoráveis da preocupação, e do reforço coincidente através de resultados positivos, é provável que os indivíduos tenham reservas quanto a não se envolverem em preocupações, uma vez que se torna inconcebível que devam abandonar uma atividade que é útil (Robichaud, 2013). De acordo com Robichaud (2013), esta é uma preocupação significativa nas intervenções de tratamento, uma vez que os preocupados crónicos são susceptíveis de sobrevalorizar as vantagens da preocupação enquanto subvalorizam as suas desvantagens inerentes.

O modelo da IU também defende que a preocupação patológica é mantida fazendo com que os indivíduos desenvolvam uma orientação negativa para o problema, ou seja, a IU afecta as percepções de um indivíduo sobre as suas capacidades de resolução de problemas, minimizando assim a sua confiança. Segundo Dugas et al., (2012), os indivíduos com uma baixa tolerância à incerteza têm uma propensão para se concentrarem nos aspetos incertos de um problema, o que pode resultar na perceção de que estão mal equipados para enfrentar desafios, levando-os a desenvolver emoções negativas em resposta à resolução de problemas. Newman e Llera (2011) definiram a orientação negativa para o problema como a forma como um indivíduo percepciona os problemas, se avalia a si próprio como eficiente na resolução desses problemas e gera certas expectativas quanto ao resultado quando aplica técnicas de resolução de problemas.

Investigadores anteriores concluíram que a má resolução de problemas estava provavelmente relacionada com a hipervigilância, a excitação emocional e a tendência para procurar continuamente novas informações (Ladouceur, Talbot, & Dugas, 1997). Estudos recentes concluem que a auto-eficácia não tem efeito sobre a UI e a preocupação (de Guzman, Lacao, & Larracas, 2015). Por exemplo, os investigadores sugerem que, mesmo quando uma pessoa com preocupação patológica tem confiança nas suas capacidades para realizar uma tarefa, essa confiança pouco faz para evitar os mecanismos cognitivos que conduzem à preocupação. Isto reforça a investigação anterior, que indica que é a incerteza do resultado, e a crença de que a incerteza é negativa, que leva à preocupação (Dugas et al., 2004).

Berenbaum et al. (2012) descobriram que a intolerância à incerteza está associada ao desejo de previsibilidade, à aptidão para ficar paralisado pela ambiguidade, à propensão para reagir à incerteza com angústia e a crenças firmes sobre a incerteza. Os autores referem que a paralisia perante a incerteza não só é um fator preditivo de preocupação, como está mais fortemente correlacionada com a preocupação do que o desejo de previsibilidade. Este facto apoia a ideia de que existem várias dimensões associadas à preocupação. Este facto pode ajudar a explicar por que razão alguns indivíduos preocupados tendem a adotar comportamentos de evitamento, o que só mais tarde serve para manter os seus padrões de preocupação.

Numa extensa revisão teórica do constructo de UI em relação às perturbações de ansiedade, Carleton (2012) refere que a UI não é específica da perturbação de ansiedade generalizada e pode inegavelmente representar um aumento disposicional trans-diagnóstico na suscetibilidade para ansiedade e depressão clinicamente significativas. McEvoy e Mahoney (2011) referem que é importante classificar a UI em duas magnitudes: UI prospetiva e UI inibitória. De acordo com os autores, a dimensão prospetiva representa o desconforto com acontecimentos futuros e tem uma orientação principalmente cognitiva, enquanto a dimensão inibitória representa os efeitos que a incerteza tem na inibição do funcionamento e é, portanto, de orientação comportamental.

Embora a correlação entre a IU e o envio de mensagens de texto esteja bem demonstrada, muito pouca investigação tinha sido feita anteriormente para investigar a relação causal entre a IU e o envio de mensagens de texto. Consequentemente, embora existam provas suficientes para validar a ligação entre os dois construtos, pouco foi feito para demonstrar que a intolerância à incerteza precede e conduz à utilização de mensagens de texto. Uma das tentativas mais ambiciosas dos investigadores para demonstrar um nexo de causalidade provém da manipulação experimental de crenças positivas e negativas sobre a incerteza numa amostra de 74 estudantes comunitários e universitários (Deschenes, Dugas, Radomsky, & Buhr, 2010). Nesta experiência, os investigadores tentam manipular as crenças sobre a incerteza, positivas ou negativas, e investigar a sua influência no enviesamento interpretativo e no acesso a esquemas de ameaça. Os participantes foram afectados a um grupo de crenças positivas ou negativas sobre a incerteza. Para tal, os participantes viram uma apresentação que representava os efeitos da incerteza na resolução de problemas de uma forma positiva ou negativa. Deschenes et al. (2010) demonstram apoio parcial à hipótese de que atitudes negativas sobre a incerteza resultariam numa compreensão negativa superior da inteligência ambígua.

Dugas, et al. (2012) investigam a relação entre a UI e o medo e a ansiedade em 338 adolescentes, utilizando um projeto de investigação longitudinal. Os investigadores determinam que as alterações no IU medeiam parcialmente as alterações na preocupação (53%) e que as alterações na preocupação medeiam parcialmente as alterações no IU (60%). Isto comprova a relação bidirecional entre as duas variáveis. O medo e a ansiedade também demonstram uma relação bidirecional, mas têm um efeito mediador muito mais fraco na alteração da preocupação e vice-versa. Os investigadores referem que a IU pode levar à preocupação através da avaliação de informações ambíguas como ameaçadoras, o que pode levar a outros comportamentos de evitamento, verificação contínua ou procura de garantias, como nas mensagens de texto. Em alternativa, os investigadores afirmam que a preocupação pode levar à UI quando a preocupação é reforçada negativamente, uma vez que o resultado frequentemente receado não se verifica. Os preocupados concluem então erradamente que a preocupação anterior contornou o resultado negativo previsto, o que reduz a sua capacidade de interiorizar os efeitos benignos da incerteza e, assim, aumenta a sua intolerância à incerteza numa situação futura.

De forma semelhante, os investigadores procuram investigar a relação entre a IU e a preocupação numa população idosa. Os investigadores concluíram que a concentração selectiva em sinais negativos no ambiente circundante prediz e perpetua o ciclo de angústia em pessoas muito preocupadas (Price, Siegle, & Mohlman, 2012). Os investigadores investigaram a capacidade de 60 adultos, com 60 anos ou mais, para completar uma tarefa Stroop emocional (eStroop). A tarefa Stroop é uma das ferramentas mais utilizadas para medir o enviesamento intencional, na qual os participantes têm de distinguir a cor da tinta em que estão impressas várias palavras de conteúdo emocional. O aumento do tempo necessário para responder a palavras emocionais é representado como uma tendência para que a informação emocional prenda seletivamente a atenção da pessoa, mesmo quando a informação não está relacionada com a tarefa. Com base em medidas de avaliação, os investigadores (Lister et al., 2017) dividiram os participantes em grupos designados por "muito preocupados", "preocupados a meio" e "pouco preocupados". As listas de palavras incluíam palavras positivas, negativas (relacionadas com ameaças) e neutras, sendo que as palavras relacionadas com ameaças incluíam palavras como *emergência* ou *cancro*. Os resultados mostram que o grupo de alta preocupação demonstrou resultados mais tendenciosos ao longo da sequência negativa versus positiva, enquanto o grupo de média preocupação demonstrou resultados mais tendenciosos durante a sequência positiva versus negativa. Também se verificou um aumento dos tempos de reação a palavras negativamente valorizadas, em comparação com palavras neutras, nos grupos de elevada preocupação, por oposição aos de média ou baixa preocupação (Mentor, 2017).

Mensagens de texto e tipo de informação

As mensagens de texto como meio de comunicação são um dos principais tipos de contacto na cultura atual e tornaram-se um dos principais métodos utilizados na comunicação conjugal. Consequentemente, as mensagens de texto substituíram praticamente os modelos anteriores de contacto interpessoal, como a correspondência escrita. Embora as mensagens de texto permitam aos cônjuges manter os seus canais de comunicação, podem gerar uma possível tensão (Hampton, 2016). Este estudo examina em que medida as mensagens de texto afectaram as uniões conjugais. As mensagens de texto são um veículo moderadamente recente e existe um défice de orientações e protocolos de contacto. Esta falta de expectativas pode dar origem a tensões ou frustrações nas uniões, nomeadamente na relação conjugal (Shanhong, 2014). Não existe uma etiqueta definida para a duração satisfatória das mensagens, o tempo de resposta ou a regularidade do contacto. Consequentemente, espera-se que os utilizadores decifrem o protocolo de mensagens de texto com base no envolvimento anterior e nos sinais colectivos do seu parceiro.

Existem dados educativos nominais que se concentram nas influências das mensagens de texto na conduta social, na interação e nas associações românticas (Rockinson, 2012). Os dados actuais relativos a este meio de comunicação contêm a utilização de mensagens de texto no local de trabalho e em ambientes organizacionais, ou os resultados sociolinguísticos da mensagem de texto. Assim, este estudo procura alargar a investigação disponível, a fim de se concentrar no impacto que as mensagens de texto têm nas relações conjugais.

Mensagens de texto e mensagens breves

As mensagens de texto são consideradas um método breve, simples e fácil de transmitir uma mensagem (Berusch, 2016). As mensagens de texto permitem que os cônjuges façam várias tarefas ou interajam um com o outro enquanto fazem outras coisas. Outra investigação sustenta que é perfeito para a montagem de horários, porque uma mensagem de texto apresenta o registo de um endereço ou instruções para um local.

Embora nenhum dos inquiridos tenha referido que as mensagens de texto eram úteis para trocar informações vitais com um parceiro romântico, vários inquiridos reconheceram que, quando não tinham oportunidade de falar por telefone, podiam trocar mensagens importantes através de texto (Reed et al., 2015). Os tópicos vitais discutidos através de mensagens de texto incluíam sucessos e fracassos importantes no local de trabalho e na família, bem como preocupações e sentimentos privados. Muitos participantes também forneceram anedotas sobre desacordos ou conflitos que foram instigados durante o envio de mensagens de texto. Cada uma destas altercações baseadas em mensagens de texto acabou por ser resolvida através da comunicação (F2F) (Hampton, 2016).

As mensagens de texto desempenham um papel importante nas relações conjugais, mas também podem ser prejudiciais para uma parceria. A investigação sustenta que as mensagens de texto podem ter efeitos prejudiciais numa relação romântica. Uma das caraterísticas das mensagens de texto, que é destrutiva, é o facto de os parceiros lerem as mensagens de texto um do outro. Desta forma, as mensagens de texto fornecem documentação escrita da comunicação, bem como a verificação de segredos ou transgressões (Servies, 2012). No geral, esta investigação conclui que as mensagens de texto afectaram significativamente o comportamento social e a comunicação. Todos os participantes no estudo utilizam as mensagens de texto como um método para preservar as suas relações, seja para se manterem em contacto ou para transmitirem emoções. De acordo com Rockinson (2012), as mensagens de texto têm um impacto profundo na sociedade, ditado pela teoria da ecologia dos media. Como forma primária de comunicação, existe uma interpretação mútua de símbolos de resposta, dicção e expectativas que são exclusivas das mensagens de texto. A forma como entendemos os emoticons traduz de forma semelhante a falta de resposta a um texto de um parceiro romântico como um tipo de rejeição.

No entanto, a investigação revela que as mensagens de texto não podem ser o principal modo de comunicação numa potencial relação romântica (Scissors, 2012). A grande importância dada à comunicação face a face e à comunicação por voz torna-as melhores tipos de comunicação. Os investigadores afirmam que estes dois modos de comunicação são adequados para transmitir informações importantes, enquanto as mensagens de texto são consideradas uma opção menos eficaz para conversas importantes (Mentor, 2017). Além disso, as mensagens de texto não são normalmente reflexos exactos dos pensamentos privados dos utilizadores (Hampton, 2016). Conforme deliberado pelos participantes, as mensagens são frequentemente editadas, relidas e, por vezes, inscritas por outras pessoas, o que confirma a crença de Berger e Calebrese (1975) de que os indivíduos podem diminuir a incerteza utilizando tácticas de trabalho.

Durante as fases iniciais de um namoro ou durante um namoro informal, as mensagens de texto são uma forma útil de comunicação, pois ajudam a diminuir a dúvida e minimizam a ansiedade (Mentor, 2017). Como os investigadores referem, uma vez criada uma ligação, são iniciados tipos suplementares de conversação (Scissors, 2012). No entanto, embora as mensagens de texto sejam uma forma preferida de articular fragmentos de informação ou organizar encontros F2F, muitos inquiridos estão certamente conscientes dos riscos de colocar demasiada ênfase nas mensagens de texto (Servies, 2012). Os encontros presenciais e a interação humana são, no entanto, excecionalmente vitais em qualquer relação. Em geral, com a elevada possibilidade de mal-entendidos e a ambiguidade das mensagens breves, as expressões faciais e as nuances vocais são provavelmente a única forma de interpretar genuinamente as emoções. Apesar de os emoticons poderem ajudar a articular melhor os sentimentos, os parceiros necessitam normalmente de uma ligação física e de interações de qualidade para manter as relações (Scissors, 2012).

Mensagens de texto e mensagens de confronto

Parece que quanto mais um homem utiliza as mensagens de texto para introduzir um tópico de confronto, mais embaraçado reconhece o seu próprio comportamento de comunicação F2F e o da sua parceira. Estes resultados podem indicar que o envio de mensagens de texto para introduzir um assunto estimulante prepara os homens para o desacordo no contacto F2F. Os homens que apresentam um assunto desafiante através de mensagens de texto não influenciam a forma como consideram os comportamentos de comunicação F2F das suas companheiras se estas estiverem a namorar. É possível que os casais em namoro evitem ainda mais o conflito e guardem esses pensamentos ou emoções para si próprios, uma vez que, por norma, estes textos ocorrem com menos frequência do que nos casais noivos e casados (AlAfnan, 2017).

Além disso, descobriu-se que quanto mais uma mulher utiliza os meios de comunicação para abordar um tópico argumentativo, mais conflituosa ela considera as suas próprias actividades de comunicação F2F e também as actividades de comunicação F2F do seu parceiro. Devido ao facto de a interação em linha ter tendência para ser breve (Wilding, 2006) e impedir os utilizadores de repararem em sinais não-verbais (Hertlein & Blumer, 2013), a introdução de um tópico desafiante através de mensagens de texto prejudica a visão da comunicação F2F.

A investigação relativa às influências do parceiro prova que quanto mais uma mulher utiliza o envio de mensagens de texto para mencionar um tópico conflituoso, mais conflituoso é o comportamento de comunicação F2F do seu parceiro e as suas actividades de comunicação F2F. Como já foi referido, talvez esta descoberta saliente que um texto pode ser um método para criar um ataque preventivo quando são discutidos tópicos conflituosos. A este respeito, a utilização de mensagens de texto por uma mulher para abordar questões desafiantes pode funcionar como um indicador para o parceiro masculino de que ela está desanimada, para que ele esteja preparado para um desacordo (Berusch, 2016).

A investigação sustenta que quanto mais um homem aborda um assunto provocador através de mensagens de texto, mais combativa a sua parceira considera os seus próprios comportamentos de comunicação F2F e os da parceira (Lister et al., 2017). Uma possível razão para este resultado pode ser o facto de os homens casados estarem mais familiarizados com o conflito e serem mais propensos a lidar com ele devido à solidez observada nas parcerias conjugais, à semelhança das relações de namoro e noivado (Berusch, 2016).

Os resultados da investigação relacionados com a utilização de mensagens de texto para enviar mensagens desagradáveis ao parceiro demonstram que a frequência com que os homens enviam mensagens de texto para esta função é mais combativa do que os comportamentos de comunicação presencial que consideram próprios e do parceiro. Da mesma forma, quando uma mulher utiliza as mensagens de texto para transmitir mensagens negativas ao seu parceiro, mais combativa ela considera os seus próprios comportamentos de comunicação F2F e os do seu parceiro. As influências dos parceiros sugerem que, tanto para os homens como para as mulheres, a utilização de mensagens de texto para transmitir mensagens maliciosas fez com que os seus parceiros tivessem uma perspetiva mais combativa de si próprios e dos comportamentos de comunicação F2F dos seus parceiros. Uma possível razão para estas descobertas pode ser o facto de as mensagens de texto serem ocasionalmente utilizadas como um tipo de iniciação indireta, que depois se transporta para a comunicação F2F

interação, resultando em acordos de comunicação conflituosos entre parceiros. Estes resultados podem indicar que, aparentemente, as mensagens de texto fornecem uma espécie de interface adiada, que pode adiar as consequências F2F, alguns parceiros podem ser encorajados a ser mais maliciosos quando enviam mensagens de texto do que nos seus comportamentos de comunicação F2F (McKenna & Bargh, 1999).

Entre os casais casados, o resultado de um homem comunicar textos ofensivos à sua parceira, e depois a crença da sua parceira nas suas próprias acções de comunicação, é consideravelmente vulnerável. É possível que os parceiros casados consigam suportar e rejeitar acções inadequadas sem arruinar a parceria, uma vez que os casais estão predispostos a ter uma maior dedicação um ao outro e a ter conhecimentos adicionais sobre problemas interaccionais. Este conceito é corroborado pela investigação, que ilustra que, à medida que o tempo passa nas parcerias, os casais estão inclinados a ter menos reatividade e menos excitação fisiológica durante a comunicação possivelmente argumentativa (Levenson, Cartensen, & Gottman, 1994).

Mensagens de texto e pedidos de desculpa

A investigação indica que quanto mais um homem utiliza as mensagens de texto para pedir desculpa à sua parceira, mais combativo considera as suas próprias acções de comunicação F2F e as da sua parceira (Davis, 1985). Além disso, a investigação sustenta que quanto mais uma mulher utiliza as mensagens de texto para pedir desculpa ao seu parceiro, mais combativa considera a sua própria relação, ao mesmo tempo que afirma que os parceiros devem estar disponíveis um para o outro (Roberts, 1982). No entanto, para além do facto de estarem simplesmente na companhia um do outro, é importante saber com que frequência os parceiros se concentram nos seus companheiros e não em si próprios ou se estão preocupados de outra forma (Davis, 1985). Isto tem em conta o que se pode designar por interferências externas e internas (Leggett & Rossouw, 2014). Por conseguinte, quando um dos parceiros utiliza o telemóvel continuamente, está menos recetivo aos desejos do outro, o que pode fazer com que ambos os componentes sofram um declínio na satisfação, dedicação e comunicação da sua relação. De forma notável, os telemóveis "inteligentes" parecem estar a criar um ambiente de "falta de consideração" em que os parceiros sentem que têm de lutar com um dispositivo para receber a atenção do parceiro que supostamente mais o ama (Turkle, 2011). Esta conduta exemplifica a força da "presença ausente" explicada por Misra, Cheng, Genevie, & Yuan (2016) e, quando os parceiros românticos demonstram continuamente uma "atenção dividida" durante as trocas proximais, minimizam não só a sua inclinação, mas também a sua capacidade de passar um tempo útil em conjunto. Assim, os estudos de Bradbury, Fincham e Beach (2000) concluíram que as interações interpessoais entre parceiros são, normalmente, os factores que mais influenciam a satisfação na relação. Os investigadores observam que a incidência de perturbações instigadas pela utilização pessoal de mensagens de texto é agravante para os parceiros durante o tempo que passam juntos, enfraquecendo a sua satisfação com a parceria (Duran et al., 2014). Valkenburg e Peter (2007) foram os primeiros investigadores a empregar a teoria da deslocação do tempo para esclarecer os efeitos nocivos das mensagens de texto na satisfação da relação. A teoria coloca a utilização dos media e as relações pessoais em extremos opostos de um continuum (McCombs, 1972). Os autores defendem que, devido à quantidade restrita de tempo de lazer disponível para os parceiros, a utilização dos meios de comunicação limita as várias actividades de comunicação em que podem participar. Assim, o tempo gasto no "lado do entretenimento" distraiu-se dos recursos atribuídos no outro extremo, tais como experiências significativas com o cônjuge (Coyne et al., 2014; Valkenburg & Peter, 2007).

Na verdade, Roberts e David (2016) decidiram que as intrusões tecnológicas, como os computadores, a televisão, os iPads e os telemóveis, instigam o desacordo sobre a utilização da tecnologia nas relações românticas: enviar mensagens de texto durante uma conversa com um parceiro romântico comunica implicitamente que a relação com o parceiro é menos significativa do que o que é apresentado no telemóvel, o que, por conseguinte, influencia negativamente a ligação entre eles. Para corroborar este ponto de vista, Przybylski e Weinstein (2013) descobriram que as perturbações e a distração iniciadas pela utilização do telemóvel estabelecem conflitos nas relações românticas, e Coyne et al. (2012) decidiram que, à medida que os jogos de vídeo aumentavam, também aumentava o desacordo relacional sobre as mensagens de texto. Embora Chesley (2005) tenha descoberto, há dez anos, que a utilização de telemóveis obscurecia as fronteiras entre o trabalho e o lar e aumentava as atitudes prejudiciais, reduzindo a satisfação com a vida doméstica. Este resultado é adicionalmente problemático, uma vez que as pessoas adquiriram a preocupação de não vivenciar eventos, experiências e conversas que ocorrem nos seus grupos comunitários abrangentes (Przybylski, Murayama, DeHaan, & Gladwell, 2013). Estas influências levaram os indivíduos a interiorizar a utilização dos seus smartphones nos costumes quotidianos, permitindo uma ligação contínua (Chotpitayasunondh & Douglas, 2016).

A estrutura teórica oferecida pelo interacionismo figurativo também pode ser benéfica para compreender por que razão a utilização perpétua do telemóvel, quando se está com um parceiro, pode gerar desacordos entre eles. A teoria adopta a ideia de que a nossa sociedade se baseia em ligações comunitárias através das quais as pessoas montam vigorosamente a sua verdade comum (Denzin, 1992). Devido a este ponto de vista, as pessoas utilizam sinais de forma interactiva para construir um sentido de si próprias, das suas posições e da sua ligação com os outros. Uma vez que as interações que as pessoas têm com os outros se baseiam em símbolos e significados, a expansão destas ligações criaria significados comuns. De facto, os teóricos do interacionismo simbólico presumem que os comportamentos dos indivíduos em relação aos outros podem estar tipicamente centrados nas conotações que as pessoas lhes atribuem (Denzin, 1992). No entanto, é pertinente que os significados possam ser alterados durante um percurso explicativo, que diz respeito a indivíduos auto-reflexivos que se envolvem simbolicamente uns com os outros (Denzin, 1992). Além disso, de acordo com a lente simbólica, os indivíduos constroem a sua distinção ao relacionarem-se com os outros, à medida que descobrem que podem modificar o seu comportamento com base no que os rodeia e ao compreenderem a parte que as outras pessoas também têm (Mead, 1972). Do ponto de vista da interação simbólica, é sensato prever que os parceiros atribuam significados às interações telefónicas como o fariam a qualquer outro tipo de comunicação. Além disso, Abeele, Antheunis, & Schouten (2016) relacionam a teoria das violações da expetativa (Burgoon, 1993) para sustentar que as actividades verbais e não verbais que os parceiros exibem quando olham continuamente para o telefone durante uma conversa podem influenciar as ideias que o cônjuge forma sobre eles, como não responder no momento certo ou não estabelecer contacto visual. Por conseguinte, as dificuldades começam quando as acções do cônjuge são incongruentes com as esperanças que o outro tem a seu respeito, o que resulta numa estimulação negativa. Abeele et al. (2016)justificam que muitos estudos de "etiqueta telefónica" aconselham que o uso do telemóvel ao mesmo tempo que as conversas presenciais são reconhecidas como intrusões indesejáveis dos costumes interaccionais como o foco e a civilidade (Nakamura, 2015; Rainie & Zickuhr, 2015). Quando o parceiro verifica o seu telemóvel durante uma conversa e a concentração dessa pessoa se desvia das esperanças do cônjuge conversador, a leitura contínua de mensagens de texto e de mensagens pode instigar desacordos entre os parceiros. De acordo com esta investigação, é razoável imaginar que o conflito no seio do casal sobre a utilização do telemóvel conciliaria o impacto das mensagens de texto no contentamento do casal.

Discussão

Desenvolvendo um modelo teórico para justificar as propriedades indesejáveis das mensagens de texto nas parcerias românticas, propõe que as mensagens de texto perpétuas orientam os casais para atenderem aos seus telemóveis em vez de interagirem com o seu parceiro, diminuindo dois processos dissimilares no valor professado de uma relação romântica. Estes métodos são: (1) a explosão de desacordos entre os casais devido aos comportamentos de envio de mensagens de texto; e (2) a falta de ligação, resultante de comportamentos de envio de mensagens de texto que deslocam a ênfase para o parceiro romântico. A investigação indica que a regularidade das mensagens de texto aponta para a diminuição dos graus de valor distintivo nas parcerias. Esta parceria contraria o argumento de que os parceiros em relações desagradáveis mudam o foco para o telemóvel para evitar a ligação com o parceiro. Para além disso, os resultados reforçam o modelo proposto, apoiando a ideia de que a falta de ligação e as discussões de ambos os parceiros têm influências prejudiciais no valor da parceria ao longo do tempo.

Embora a intimidade seja uma palavra indefinível, os investigadores concordam que é uma caraterística vital das parcerias interpessoais, que não ocorre de forma independente

(Bartholomew, 1990; Clark & Reis, 1988; McAdams & Constantian, 1983; Prager, 1995), mas que é a consequência de uma progressão animada através de comunicações recorrentes ao longo do tempo. Na verdade, Reis e Patrick (1996) descrevem a intimidade como um curso de colaboração em que, como efeito da admissão individual e da reação do parceiro a esta proposta, os indivíduos se consideram validados, ouvidos e apoiados. Por conseguinte, Reis e os seus colegas reconhecem a definição como um procedimento relacional e operacional com partes básicas binárias: a auto-revelação e a recetividade do parceiro (Reis & Patrick, 1996; Reis & Shaver, 1988). A auto-revelação, em alguns casos, aponta para a divulgação da comunicação oral e de informações, ideias e emoções individualmente pertinentes. À medida que os indivíduos revelam dados mais privados e sensíveis, sentem-se mais próximos do outro (Perlman & Fehr, 1987). É mais provável que os parceiros reconheçam uma atividade como próxima quando sentem que o seu parceiro atende às suas necessidades, os valida e se preocupa com o que está a ser revelado (Laurenceau, Barrett, & Pietromonaco, 1998). Assim, de acordo com este modelo, para distinguir que o parceiro recíproco é reativo, o parceiro ouvinte deve expressar ao parceiro divulgador um conhecimento da substância da revelação, aceitando-a ou autenticando-a, o que fará com que o parceiro divulgador experimente otimismo (Reis & Patrick, 1996).

Esta nova era de comunicação pessoal introduz a impressão de estar sempre "ligado" como um estilo de vida (Barron, 2008; Park, Lee, & Chung, 2016), ajudando a estabelecer ligações "em tempo real" à medida que os utilizadores de telemóveis transmitem cada ocorrência que têm (Hampton, 2016). Os indivíduos desenvolveram uma disponibilidade contínua e os smartphones passaram a ser uma adição a si próprios (Campbell & Ling, 2009), uma vez que os utilizadores estão frequentemente a atualizar os outros. Assim, a comunicação em tempo real permite um novo modo de partilha arbitrado que é exemplificado pelo imediatismo, mas que também requer grandes exigências na gestão do tempo dos utilizadores (Lai & Katz, 2012; Su, 2016). Um desafio adicional é a restrição da atenção humana. Os seres humanos têm reservas de atenção inibidas e, embora as pessoas, incluindo as que estão em relacionamentos românticos, possam tentar completar várias tarefas simultaneamente, as distracções do telemóvel não permitem que os parceiros românticos estejam completamente conscientes dos comportamentos do outro parceiro (Katz, 2004). É provavelmente mais desafiante estar completamente emocional e cognitivamente presente enquanto um parceiro interaccional está a enviar mensagens de texto para outros não presentes (McDaniel & Coyne, 2016; Przybylski &Weinstein, 2013). Su (2016) expande esta teoria e comenta que o outro lado da partilha em tempo real são os requisitos comportamentais, por exemplo, permanecer na proximidade de um dispositivo digital numa área relativamente isolada, e a orientação cognitiva para os outros, como a prontidão para ser chamado, que está a sofrer devido à conetividade aumentada permitida pelas mensagens de texto, o que também cria uma suscetibilidade aumentada para a sua intimidade. Todas as perturbações da ligação externa exigem que a relação seja reiniciada a partir da última ocasião de ligação interna à relação, com os danos associados. Além disso, os casais idênticos que se ligam principalmente online, em vez de F2F, podem estar a deteriorar a sua intimidade, uma vez que as mensagens de texto permitem ligações recorrentes que são demasiado curtas para se transformarem em laços, a que Bauman (2003) chama "relações líquidas", caracterizadas por uma comunicação fugaz em vez de uma "ligação" mais dedicada e agradável entre os papéis. Turkle (2011) discute esta inclinação humana promovida pelas mensagens de texto, em que os indivíduos evitam a comunicação F2F, por vezes "entediante", que implica mais ocasiões e recursos para resolver, e relacionam-se, em vez disso, através da tecnologia, o que pode reduzir a abertura do casal para conhecer melhor os seus sentimentos e chegar a uma relação em toda a sua complexidade. Além disso, os dados obtidos em experiências indicam que os telemóveis impedem o crescimento da familiaridade interpessoal e da fé entre os parceiros e diminuem o grau em que os indivíduos sentem empatia e consideração na sua relação, particularmente se os indivíduos estiverem a falar sobre um assunto pessoalmente significativo (Przybylski &

Weinstein,

2013). Finalmente, a literatura reconhece um efeito partilhado no Pphubbing. Chotpitayasunondh e Douglas (2016) descobriram que quando os indivíduos são *pphubbed,* que é ignorar alguém em favor do seu telemóvel, eles frequentemente, de forma semelhante, criam uma órbita brutal que pode adicionalmente prejudicar a sua intimidade.

Resumo

Cerca de 92% dos adultos norte-americanos possuem atualmente um telemóvel de algum tipo, e 90% dos proprietários de telemóveis revelam que o telemóvel está normalmente com eles. Normalmente, 45% dos proprietários de telemóveis revelam que nunca os desligam. Esta realidade "sempre ligada" perturbou as normas sociais de longa data sobre quando é adequado que os indivíduos transfiram a sua concentração das suas conversas e interações físicas com os outros para encontros digitais com indivíduos e recursos que são fornecidos pelo seu telemóvel (Mentor, 2017).

No entanto, um dos principais motivos para o envio de mensagens de texto é a preservação das relações (Faulkner & Culwin, 2005), e os estudos sobre a interação com o telemóvel revelaram que a utilização de dispositivos móveis pode reforçar as relações familiares (Wei & Lo, 2006), ajudar as amizades (Ishii & Wu, 2006) e construir encorajamento partilhado com os seus amigos (Campbell & Kelley, 2006), a utilização partilhada de dispositivos actuais ao longo de intercâmbios comunitários tem sido provavelmente associada a pontos reduzidos de condição de relacionamento aparente (Przybylski & Weinstein, 2013). A investigação atual descobriu que a utilização de dispositivos móveis durante as comunicações proximais está relacionada de forma indesejável com a perceção da familiaridade socio-emocional pelo cônjuge da conversa (Misra, et al., 2016; Roberts & David, 2016). No entanto, os indivíduos que observam o uso de dispositivos co-presente como extra descortês, também exibem menos pontos de fé na direção de indivíduos que fazem várias tarefas utilizando os seus telefones enquanto interagem com indivíduos (Abeele, et al., 2016; Cameron & Webster, 2011). Do mesmo modo, Turkle (2011) afirma que os parceiros que interagem com conhecidos de segundo e terceiro "laços" enquanto se ligam pessoalmente a outros, consideram-se mais íntimos daqueles com quem revelam dados no ecrã, mas distantes daqueles com quem partilham uma posição física. Ao esclarecer por que razão os indivíduos se esforçam tão fervorosamente por se relacionar com "terceiros", Hampton (2016) afirma que os dispositivos alargaram a noção de "mobilidade" permitida pelo primeiro grupo etário de Smartphones, através dos quais as pessoas podem resolver tarefas comunicacionais ou úteis sem estarem presentes (Katz & Aakhus, 2002), incorporando nos costumes quotidianos dois recursos das redes sociais: o "contacto persistente", a articulação e preservação de contactos ao longo do tempo, como os colegas de turma, e a "consciência pervasiva", a distribuição contínua destes determinados contactos através de um modelo pessoa-a-rede. Assim, recorrendo a interações comunicacionais breves e assíncronas, os consumidores privilegiam agora a interação menos a extração do tempo e do capital necessários para manter ligações através de outros métodos de comunicação (Hampton, 2016).

É preocupante que, nesta sociedade envolvente e consciente, em que as tecnologias de comunicação digital fornecem regularmente informações sobre os interesses, a localização, as opiniões e os comportamentos enraizados nas ocasiões da vida quotidiana dos laços sociais das pessoas (Hampton, 2016), esteja a gerar discórdia entre os casais românticos quando estes são incapazes (ou não estão inclinados) a desligar-se dos seus sistemas para se ligarem aos parceiros românticos.

A maioria dos relacionamentos concluiu que um aspeto notável da proteção de relacionamentos confiantes e duradouros (Reis & Shaver, 1988) é a sensação de que o parceiro se preocupa com o outro e terá consideração pelos seus sentimentos, apesar das circunstâncias (Murray, 1999). Assim, partindo do princípio de que os indivíduos recebem incessantemente notificações através dos seus telemóveis e passaram a não se preocupar tanto com as interações devido ao seu envolvimento simultâneo nos seus telemóveis, é muito provável que os desacordos entre parceiros românticos sejam provavelmente motivados por esta acessibilidade contínua (Miller, Kelly, & Duran, 2012), o que pode diminuir o seu conceito do valor da parceria. Para exemplificar esta ocorrência, foi inserido um novo termo nas nossas funções de filosofia digital: Pphubbing, abreviatura de "partner phone snubbing" (Roberts & David, 2016). Um indivíduo é Pphubbed quando o cônjuge opta por atender o telemóvel em vez de comunicar com o parceiro. Na América, 25% dos casais casados e 42% dos casais solteiros em relações românticas consideraram que o seu parceiro estava preocupado com o telemóvel enquanto estavam juntos (Lenhart &Duggan, 2014).

O objetivo deste estudo é duplo. Em primeiro lugar, pretende confirmar que existe uma relação descontraída entre o envio de mensagens de texto e a diminuição da qualidade de uma relação entre parceiros românticos. Em segundo lugar, oferece dois cursos diferentes através dos quais o envio contínuo de mensagens de texto pode moldar essa relação de forma pessimista: (1) conflitos que surgem entre casais devido ao comportamento de envio de mensagens de texto e (2) falta de intimidade, decorrente de actividades de envio de mensagens de texto que deslocam a atenção para o parceiro romântico. Em segundo lugar, este estudo demonstra que o envio invariável de mensagens de texto influencia negativamente a intensidade da intimidade dos casais, devido à utilização excessiva do telemóvel em vez de se concentrarem no outro. Como já foi referido, a intimidade é uma progressão interactiva que começa com uma revelação pessoal e é seguida pela resposta a essa proposta. Desta forma, os indivíduos sentem-se compreendidos, validados e acarinhados. Reis e Patrick (1996) explicam que os casais têm maior probabilidade de sentir uma interação como íntima quando reconhecem que o seu parceiro responde às suas necessidades. No entanto, para identificar que o parceiro é recetivo, ele ou ela deve expressar uma compreensão da conversa. Curiosamente, a literatura prova que, embora as mensagens de texto ocupem normalmente apenas uma pequena parte do dia, se forem calculadas como minutos de utilização, as pessoas continuam a ter de dividir a sua atenção entre o telemóvel baseado em texto e uma interação F2F (Abeele et al., 2016). Em resultado desta competição de recursos, as pessoas que enviam mensagens de texto durante uma conversa presencial terão de interromper mentalmente a conversa offline para enviar mensagens de texto (Oulasvirta, Tamminen, Roto, & Kuorelahti, 2005). A investigação argumenta que, dado o limite superior dos recursos cognitivos quando as pessoas se envolvem em comportamentos sociais e os custos óbvios de energia e atenção que estas rotinas exigem (Katz, 2004; Lai & Katz, 2012; Su, 2016), a utilização de dispositivos na presença de um parceiro teria um efeito destrutivo na sua intimidade. Por outras palavras, os parceiros precisam de revelar informações um ao outro para promover a dependência, um dos requisitos da intimidade. No entanto, de acordo com pesquisas anteriores, como a de Przybylski & Weinstein (2013), os resultados aconselham que o envio de mensagens de texto faz com que os utilizadores se retirem cognitivamente da interação que estão a ter, o que impede a auto-revelação mútua, uma vez que os parceiros negligenciam a expressão de empatia suficiente para com o outro parceiro (Chotpitayasunondh & Douglas, 2016). Assim, este estudo confirma esta deficiência de intimidade nos parceiros que usam mais habitualmente o telemóvel, e dado que a intimidade é desenvolvida por dois parceiros.

Embora a dicotomia "ausente-presente" entre parceiros de conversação não seja nova na literatura (Gergen, 2002) e tenha sido levantada há algumas décadas com a expansão da televisão (McIlwraith, 1998), duas diferenças bem definidas entre o envio de mensagens de texto e o consumo de outras mídias, como a TV, devem ser observadas. Em primeiro lugar, a tecnologia móvel pessoal tornou-se muito mais influente e personalizada do que a televisão, o que influencia muito mais intimamente as predisposições e inclinações que os indivíduos desenvolvem (Kerkhof, Finkenauer, & Muusses, (2011). Em segundo lugar, a interação com os outros é muito mais animada e cognitivamente envolvente do que a utilização de outros tipos de meios de comunicação, como a televisão. De facto, enquanto ver televisão ou estar em linha é frequentemente uma atividade distinta, enviar mensagens de texto ou conversar com contactos das redes sociais através do telemóvel é frequentemente uma interação social. A investigação em psicologia social revelou que os indivíduos tendem a responder às iniciativas de comunicação dos outros (Keysar, Converse, Wang, & Epley, (2008), o que faz com que os utilizadores se sintam obrigados a responder ao que os outros parceiros de conversação dizem, e seguir uma conversa implica mais recursos cognitivos do que apenas consumir meios de comunicação (Chan, 2014). Consequentemente, regular o comportamento de uma pessoa enquanto interage com outras é muito mais complexo e desafiante, o que pode ter uma maior influência na intimidade neste domínio em comparação com outros meios de comunicação. Em terceiro lugar, os resultados de um estudo de painel de duas ondas corroboraram a existência de uma relação causal entre o envio de mensagens de texto e uma menor consciência da qualidade sentida na relação entre parceiros românticos. Este é o estudo pioneiro que investiga a ordenação sequencial destes componentes num contexto não experimental. Por conseguinte, é provável que se conclua que este método de comunicação, se for utilizado com frequência, pode levar os utilizadores a enviar mensagens de texto na companhia dos seus parceiros, o que pode ser considerado pelo parceiro como uma atividade antissocial e, por conseguinte, influenciar negativamente a sua relação romântica. Enquanto a literatura implica que os meios de comunicação podem ser utilizados para controlar estados emocionais (Zillmann, 1988), o que significa que os parceiros que passam por experiências desagradáveis podem ser provocados a utilizar os seus telemóveis para melhorar o seu estado de espírito, a investigação encontra confirmação para a organização progressiva das variáveis. Assim, esta investigação valida o curso informal desta parceria e rompe com as teorias que defendem que a seta não intencional funciona numa direção contraditória, nomeadamente que os indivíduos utilizam as mensagens de texto para evitar parcerias românticas pouco saudáveis ou falhadas (Collins, 2012).

Os relatórios existentes expandem a exploração das parcerias românticas através da inspeção das mensagens de texto. Exemplos teóricos melhorados justificam as influências nocivas das mensagens de texto nas parcerias românticas, propondo que as mensagens de texto contínuas fazem com que os indivíduos fiquem atentos aos seus telemóveis em vez de conversarem com o seu parceiro, *o* que diminui o valor sentido de uma parceria romântica através de um par de processos diferentes (Evans & Segersgtrom, 2011). Os mecanismos do modelo reconhecem os mecanismos através dos quais isto funciona, nomeadamente: (1) desacordos que surgem entre casais devido ao comportamento de envio de mensagens de texto e (2) falta de intimidade, a partir de comportamentos de envio de mensagens de texto que retiram a concentração no parceiro romântico. Uma análise cruzada e desfasada do painel de duas vagas encontrou fundamento para o conceito de que a incidência de mensagens de texto conduz a níveis mais baixos de suposta qualidade nas relações (Drouin, 2012). A natureza longitudinal dos dados é um dos pontos fortes do estudo, mas também tem alguns inconvenientes. Em primeiro lugar, todas as medidas foram auto-relatadas; assim, o apelo social e factores adicionais como a disposição e a memória poderiam alterar os resultados (Drouin, 2012). Em seguida, ao investigar apenas um modo de comunicação, e não tendo em conta outras variáveis, como o contacto pessoal, poderíamos estar a sobrevalorizar ou subvalorizar as consequências das mensagens de texto (Cutler, 2014). Por último, a amostra foi comparativamente pequena - por exemplo, N. 275 para a segunda vaga de dados estatísticos. As etapas subsequentes razoáveis resultantes deste estudo poderiam ser investigar se os resultados da situação deste tipo de amostra, reunida como foi apenas no Chile, que apregoa uma comunicação melhorada, e que provavelmente poderia conseguir quando os parceiros estão fisicamente ausentes, também traz danos consideráveis às parcerias românticas quando é utilizada se os parceiros estiverem presentes. Os resultados sugerem que as maiores influências das mensagens de texto nas parcerias interpessoais podem ser indesejáveis em certos aspectos, embora possivelmente menos facilmente avaliáveis devido à natureza das relações mais fugazes e à magnitude aparentemente reduzida dos impactos (Coyne et al., 2011).

Quando estiverem disponíveis tecnologias aperfeiçoadas para apreender e verificar sentimentos e comportamentos, estes assuntos poderão ser objeto de um exame intenso. Além disso, o delineamento dos comportamentos é de magnitude significativa na previsão das reacções dos indivíduos aos acontecimentos que lhes são próximos, e as visões normativas dos mesmos podem modificar-se no futuro, pelo que aqueles que se encontram em circunstâncias comuns partilham um conjunto interligado e mutável de práticas comportamentais (Creswell, 2013). Por este motivo, para desvendar estas incertezas difíceis, é significativa a investigação longitudinal com medidas distintas; estas podem ajudar os intelectuais e as próprias pessoas comuns a compreender as complexidades da comunicação com facções externas enquanto permanecem dentro de uma parceria. Uma influência compensatória viável poderia ser o facto de os indivíduos desenvolverem competências multitarefa mais operacionais e, por conseguinte, serem mais capazes de gerir os requisitos de reserva que parecem prejudicar a relação romântica (Hooker, 2015). Os indivíduos podem evoluir para pessoas mais aptas a realizar, ou na melhor das hipóteses a esconder, as suas acções, de modo a que o parceiro romântico deixe de sentir os resultados prejudiciais expostos nos resultados acima referidos. É certamente plausível que os indivíduos desenvolvam uma maior familiarização com as afrontas e os problemas impostos pelas mensagens de texto, bem como com os costumes de comunicação adicionais estimulados pela tecnologia de comunicação individual (Hampton, 2016). Estão em causa várias dimensões, que põem à prova os futuros investigadores: o problema da alteração dos padrões de actividades adequadas, as restrições aos pesos intelectuais, bem como as possibilidades da tecnologia das interações.

Geralmente, quanto mais um parceiro utiliza as mensagens de texto para comunicar questões cruciais, levantar tópicos argumentativos e pedir perdão, mais tensas são as acções de conversação presencial para os seus parceiros e para si próprios (Kinsella, 2015). Foram descobertos resultados comparáveis para os parceiros: à medida que os casais utilizavam as mensagens de texto para manifestar afeto, os comportamentos de comunicação F2F eram menos negativos para cada parceiro.

A utilização da tecnologia floresceu nos sistemas familiares; as interrupções diárias relacionadas com dispositivos tecnológicos, que podem ser definidas como "tecnoferência", aumentaram tipicamente para investigar a regularidade da tecnoferência em parcerias românticas e se estas interrupções diárias se correlacionam com o bem-estar individual das mulheres e do casal (Leung, 2017). Participaram 143 mulheres casadas ou em união de facto que preencheram um inquérito online. A maioria reconheceu que os dispositivos tecnológicos, como computadores, telemóveis ou smartphones, ou a televisão, perturbavam frequentemente as suas interações, por exemplo, os períodos de relaxamento do parceiro, as discussões e as refeições com os seus parceiros. De um modo geral, os participantes que obtiveram uma pontuação mais elevada de tecnoferência nas suas relações também manifestaram mais desacordo sobre a utilização da tecnologia, menos felicidade na relação, mais sinais de infelicidade e menos realização na vida (PewResearch Center, 2014). Foi estabelecido um modelo de equação organizacional de tecnoferência que prevê desacordo em relação à utilização da tecnologia, que prevê a aprovação do parceiro, que, por sua vez, calcula a infelicidade e a realização na vida. Ao deixar que a tecnologia se intrometa ou perturbe discussões, eventos e ocasiões dedicadas a parceiros românticos, embora não intencionais ou por instâncias rápidas, os indivíduos podem estar a impulsionar comunicações implícitas relativas a informações que mais apreciam, causando conflitos e consequências negativas na vida pessoal e nas parcerias (Scissors, 2012).

Os recursos binários das tecnologias de comunicação digital, a interação incessante e a consciência invasiva estão a provocar alterações fundamentais na construção das relações. Estes recursos diferem da narrativa da mobilidade, que descreve as interações desde o crescimento do industrialismo urbano, incorporando relatos de singularidade em rede e uma cultura pós-industrial ou de rede (Sufferlin, 2013). Em comparação com as descrições da modernidade tardia, que implicam que a mobilidade será explorada ao ponto de os indivíduos serem quase libertados dos limites do tempo, do espaço e dos laços sociais, a comunidade persistente e omnipresente renova as restrições e oportunidades da estrutura de grupo pré-moderna. Como resultado da tenacidade - uma contra-ação à mobilidade - as parcerias e as circunstâncias sociais em que são formadas são menos temporárias do que em qualquer outro momento da história moderna (Servies, 2012). Através do carácter ambiente, trim e assíncrono das mensagens de texto, a consciência complementa a observação com o escrutínio descontraído caracterizado na sociedade pré-industrial. Prevê a familiaridade e o comércio de informações, ao contrário do que pode ser trocado através de outros canais (Turkle, 2011). O envio de mensagens de texto e os processos que lhe estão subjacentes produzem não só uma falha de perspetiva, mas também um problema para os espectadores que, quando gerido através de um equilíbrio vibrante entre a transmissão e a verificação da substância, melhora os marcadores de consciência e a possibilidade de obter ligações sociais. É uma fusão de construções de grupo pré-industriais e urbano-industriais, que influenciam a acessibilidade dos bens sociais, a realização de acções partilhadas, o preço da reflexão sobre questões fundamentais e as formas como os indivíduos estão ligados ao longo da vida e entre gerações (Mentor, 2017).

O tipo de informação transmitida através de mensagens de texto é investigado e comparado com outros modos de comunicação, e as conclusões sustentam que o desequilíbrio nas mensagens de texto causa problemas negativos nas relações conjugais. Uma investigação da Universidade Brigham Young (BYU) concluiu que os homens tendem a sentir-se sufocados pelas mensagens de texto frequentes das parceiras (Sandberg & Schade, 2013). De acordo com este estudo da BYU, os homens tendem a enviar mensagens de texto com mais frequência quando estão infelizes na relação. Os resultados da investigação indicam que os homens e as mulheres são afectados de forma diferente pelas mensagens de texto (Sandberg & Schade, 2013).

A investigação da BYU concluiu que o envio de mensagens de texto pode interferir no desenvolvimento do casal. A frequência e o conteúdo afectam a satisfação, a estabilidade e a ligação na parceria. Os homens sentem que as mensagens de texto frequentes são intrusivas, o que os leva a afastarem-se da relação. No entanto, o estudo relaciona os textos positivos com o reforço da relação por parte do parceiro (Sandberg & Schade, 2013). A investigação sugere que, se não tiver algo agradável para dizer, não envie qualquer mensagem. Se disser algo doce, isso está mais fortemente relacionado com a felicidade da investigação do que receber algo doce. Muitos casais utilizam com sucesso as mensagens de texto como uma espécie de manutenção relacional (Sandberg & Schade, 2013).

CAPÍTULO TRÊS

METODOLOGIA

O objetivo deste estudo teórico é analisar e integrar as abundantes quantidades de dados sobre o envio de mensagens de texto na relação conjugal, abordando particularmente a forma como afecta o curso e o resultado das relações conjugais; que tipos de informação podem ser melhor transmitidos através de mensagens de texto; e quais são os problemas envolvidos quando as mensagens de texto são utilizadas na troca de informações importantes nos casamentos. Já foi referido anteriormente que as mensagens de texto, embora sejam um meio de comunicação frequentemente utilizado nos casamentos, têm consequências negativas para a relação. Ao estudar a literatura existente sobre o tema das mensagens de texto, é importante elaborar os modelos empiricamente estabelecidos para as mensagens de texto, que incluem os modelos de evitamento, o modelo de intolerância à incerteza e o modelo de ansiedade abordados no capítulo anterior. Estes modelos estão incluídos na teoria geral cognitivo-comportamental da psicologia. As questões de investigação específicas que foram concebidas para responder ao problema de investigação são as seguintes:

Primeira questão de investigação. Que tipo de informação é melhor transmitida através de mensagens de texto na relação conjugal?

Segunda questão de investigação. Quais são as questões envolvidas quando as mensagens de texto são utilizadas na troca de informações importantes com um cônjuge?

Questão de investigação três. Quais são os benefícios e as limitações das mensagens de texto como principal forma de comunicação no casamento?

Estas questões serão estudadas durante este projeto de doutoramento através da análise dos dados existentes.

Metodologia

Este projeto é um estudo teórico em que se recorre a uma extensa pesquisa e revisão da literatura para responder às questões de investigação. Creswell (2013) refere que os investigadores têm o dever de selecionar desenhos de investigação que se adequem às suas questões de investigação e que sejam adaptados à sua investigação. Os estudos teóricos são um tipo de estudo científico que procura alargar a compreensão atual e proporcionar novas percepções, examinando as questões em pormenor, detectando disparidades na literatura ou observando quando os conceitos não conseguem explicar suficientemente a complexidade de fenómenos específicos (Creswell, 2013). Uma revisão teórica é frequentemente utilizada para estabelecer o crescimento e o desenvolvimento de teorias num assunto e o método pelo qual podem ser relacionadas com uma diversidade de quadros (APA, 2010). Inicialmente descritas e enfatizadas por Cooper (1984), as revisões teóricas são investigações em que a ênfase principal do investigador está nas ideias ou nos dados existentes que procuram apoiar uma interpretação mais clara de um tópico específico em exploração. Uma das principais vantagens das revisões teóricas é que as teorias e os dados actuais podem ser explorados em busca de temas-chave, o que é vantajoso para revelar as inadequações de uma teoria ou indicar a preeminência de uma teoria sobre uma alternativa (APA, 2010).

Uma razão importante para este estudo é melhorar a nossa compreensão dos resultados que as mensagens de texto têm na relação conjugal. Para efeitos do presente estudo, são estudadas as limitações e os efeitos das mensagens de texto na relação conjugal. Teria sido impraticável explorar os efeitos das mensagens de texto na relação conjugal utilizando uma metodologia quantitativa. No entanto, a revisão teórica permite a recolha de dados pré-existentes sobre este tipo de ação, permitindo ao investigador desenvolver interpretações sobre as conclusões. Além disso, este estudo espera oferecer um padrão adequado aos clínicos sobre os efeitos das mensagens de texto na parceria conjugal. Consequentemente, uma das principais vantagens da utilização da revisão teórica é o facto de permitir o exame dos dados de forma imparcial, sem lealdade ou parcialidade prévias em relação a um tipo de avaliação ou tratamento em detrimento de uma alternativa (Creswell, 2013).

A lógica subjacente à escolha da Hermenêutica pelo autor, como metodologia para orientar e informar a investigação, é que os seus pontos de vista filosóficos são considerados os mais relevantes para as questões e objectivos específicos da investigação do autor. Note-se que o tipo de problema mais adequado para a fenomenologia é aquele em que é importante considerar as experiências de vários indivíduos sobre um fenómeno partilhado. A hermenêutica oferece uma forma de explorar a inter-relação entre a espiritualidade e a medicação psiquiátrica, tal como é vivida por diferentes tipos de pessoas.

O método fenomenológico foi utilizado para explorar os dados. Giorgi (1985) apresenta as seguintes etapas concretas do método fenomenológico científico humano: "1) recolha de dados verbais; 2) leitura dos dados; 3) divisão dos dados em partes; 4) organização e expressão dos dados brutos em linguagem disciplinar; e 5) expressão da estrutura do fenómeno."

A fenomenologia está ligada principalmente aos trabalhos do filósofo alemão Edmund Husserl e é considerada o "pai" do programa fenomenológico (Morrissette, 1999). O fenomenólogo não é afetado pelas experiências do indivíduo com as suas compreensões pessoais e subjectivas, mas em vez disso, o fenomenólogo procura compreender os fundamentos que caracterizam as experiências comuns (Gallagher & Sorensen, 2006; Giorgi, 1985). É geralmente aceite que o fundamento e a sequência do significado são difíceis de explicar, pelo que a razão para um estudo fenomenológico é dar explicações sistemáticas e detalhadas bem definidas dos significados da experiência (Polkinghome, 1983).

Este é um resumo da exploração fenomenológica usando as técnicas desenvolvidas por Giorgi (1985), fundamentadas nos esforços de Husserl (1980). Basicamente, consiste nas cinco etapas seguintes (Giorgi & Gallegos, 2005):

1) O investigador supõe a abordagem da redução fenomenológica, um ponto de vista psicológico, e tem em conta o fenómeno particular que está a ser estudado (Giorgi, 1985).

2) Dentro do ponto de vista acima referido, a descrição completa é revista para se ter uma ideia do todo (Giorgi, 1985).

3) Mantendo o ponto de vista anterior, uma vez compreendida uma ideia de toda a descrição, o investigador regressa e começa a reler a explicação. Uma unidade de significado é decidida da seguinte forma: Cada vez que o investigador se apercebe de uma mudança
Se o utilizador não conseguir identificar o significado da explicação a partir de um determinado ponto de vista, marca a descrição. No final desta etapa, toda a descrição é reduzida em "partes práticas", de modo a permitir a exploração (Giorgi, 1985).

4) Assim, dentro da mesma atitude, o investigador transforma as expressões típicas do participante em terminologias que são mais imediatamente reveladoras das definições psicológicas abrangidas pelas terminologias do participante (Giorgi, 1985).

5) O investigador decide então a disposição do conhecimento como uma influência para um estudo mais aprofundado

Uma exploração mais pormenorizada e por etapas expõe (1) que a recolha de informações pode ser feita a partir da descrição (Giorgi, 1985). As perguntas são abertas para dar liberdade ao participante na sua resposta. Uma descrição concreta e pormenorizada (Giorgi, 1985) é o que se procura nesta etapa. É importante notar que as descrições posteriores feitas pelos observadores também são possíveis, uma vez que o auto-relato na investigação fenomenológica é "uma conveniência e não uma necessidade teórica" (Giorgi, 1985, p. 245).

Na (2) leitura dos dados, são necessários poucos dados adicionais, uma vez que é auto-explicativa, exceto para reafirmar e tornar clara a ideia de que o método fenomenológico é holístico, pelo que uma revisão de todos os dados é significativa (Giorgi, 1985). É inadequado começar qualquer exploração neste ponto; esta etapa destina-se a assegurar um "sentido global" (Giorgi, 1985, p. 245) e uma "fundamentação" (Giorgi, 1985, p. 11) dos dados para a etapa seguinte.

A (3) separação dos dados em partes ou "unidades de significado" (Giorgi, 1985, p. 246) é o passo seguinte. Como a fenomenologia é apropriada para encontrar definições, a base da separação em partes é a "discriminação de significado" (Giorgi, 1985, p. 246). O procedimento de discriminação de sentido pressupõe a assunção prévia de um ponto de vista disciplinar (Giorgi, 1985). De acordo com Giorgi (1985), "...a realidade psicológica não está pronta no mundo e é simplesmente vista e tratada, mas tem de ser constituída pelo psicólogo" (p. 11).

As unidades de significado ativamente importantes são interpretadas por: (a) uma revisão mais lenta da descrição, (b) cada vez que uma mudança de significado aparece, ela é marcada, (c) a revisão é continuada até que a próxima unidade de significado seja distinguida. É importante notar aqui que, de acordo com Giorgi (1985), "As unidades de significado não existem nas descrições por si só, ideia muito significativa a considerar quando se está a conduzir a investigação. No entanto, são antes constituídas pelo ponto de vista e pela atividade do investigador (Giorgi, 1985). De acordo com Giorgi (2008), a estrutura é constituída por constituintes-chave e pela ligação entre os constituintes-chave. Os constituintes são partes que reflectem o seu próprio papel na estrutura. As unidades de significado são partes funcionais, mas quando uma unidade de significado é determinada como parte integrante da estrutura, torna-se um constituinte. A abordagem fenomenológica é um processo orientado para a descoberta, pelo que o investigador necessita de uma atitude suficientemente aberta para permitir a emergência de significados inesperados. É aqui que se encontram algumas das críticas à fenomenologia e a Giorgi na literatura (Giorgi, 1985).

O passo seguinte é (4) transformar a linguagem quotidiana em linguagem psicológica. Depois de identificadas as unidades de significado, elas (unidades de significado) devem ser "examinadas, sondadas e redescritas" (Giorgi, 1985, p. 247) para que o valor psicológico de cada unidade possa ser explicitado. A alternativa aqui é reafirmar os significados em termos das nossas próprias perspectivas pessoais; o que não está sujeito aos rigores de uma perspetiva psicológica (Giorgi, 1985). É aqui que entra em ação o conceito de "variação imaginativa livre" (Giorgi, 1985).

No âmbito da variação imaginativa livre, o objetivo do investigador é elucidar os aspectos psicológicos das descrições feitas por sujeitos (fenomenologicamente) ingénuos que expressam múltiplas realidades de forma enigmática e idiossincrática (Giorgi, 1985). Operacionalmente, o investigador começa a refletir sobre as possibilidades, as variações de estrutura e de significado, e depois descarta aquelas que não resistem à crítica. Isto cria uma transformação das qualidades de significado na direção da "realidade psicológica" (Giorgi, 1985, p. 18). Um exemplo é o facto de um sujeito fazer uma afirmação sobre o valor do "xadrez". Poderá esse valor ser elaborado de forma significativa para incluir também os "jogos"? E a "competição" em geral? Esta análise é depois repetida para cada unidade de significado adicional.

A última etapa da análise é (5) a expressão da estrutura do fenómeno.
Da mesma forma que no passo (4), as unidades de significado redescrevidas e transformadas (psicologicamente adaptadas) são essenciais para descrever a estrutura da experiência concreta vivida a partir da perspetiva psicológica (Giorgi, 1985). O que se procura é "uma descrição coerente da estrutura psicológica do acontecimento" (Giorgi, 1985, p. 19). Obviamente, quanto maior for o número de sujeitos, maiores serão as variações, resultando numa maior capacidade de ver o que é essencial na estrutura (Giorgi, 1985). É importante notar que todas as unidades de significado transformadas devem ser consideradas, ou deve ser criada outra estrutura que dê conta de todas as unidades de significado transformadas (Giorgi, 1985). Uma estrutura única é o objetivo, mas não é um requisito da investigação fenomenológica e o investigador "...nunca deve forçar os dados a uma estrutura única" (Giorgi, 1985, p. 248). A(s) estrutura(s) é(são) depois

transmitida(s) a outros investigadores para efeitos de validação ou crítica (Giorgi, 1985).

Embora o objetivo seja uma determinada estrutura de significado, Giorgi (1985) não sugere a utilização de um caso específico para a exploração fenomenológica. A razão é que uma única técnica não tem "um número suficiente de variações" (Giorgi, 1985). Giorgi (2008) sugere que "sejam incluídos pelo menos três participantes, porque é necessário um número suficiente de variações para se chegar a uma essência típica" (p. 39). Obviamente, não há certeza no número três; a qualidade da informação é o fator decisivo. Os participantes adicionais não são um esforço para tornar os resultados generalizáveis sob a lógica da amostragem; os seus dados são antes utilizados para avançar para uma estrutura de significado mais precisa. A fenomenologia é a disciplina ou técnica que tenta explorar, classificar, organizar e explicar a ocorrência de significados no fluxo de consciência (Giorgi, 1985).

Participantes

A ampla revisão da literatura utilizada para explorar as questões de investigação implica, em grande parte, artigos de periódicos actuais. A revisão da literatura é gerida de forma sistemática. Inicialmente, procedeu-se à identificação de palavras-chave, que foram adquiridas a partir de leituras preliminares sobre o tema da preocupação. As palavras-chave pesquisadas incluem: mensagens de texto, relação conjugal, intolerância à incerteza, mensagens de texto e ansiedade, mensagens de texto e evitamento, mensagens de texto e investigação clínica, fenomenologia e comunicação. Além disso, foram igualmente procurados nomes de investigadores inovadores ou revolucionários no domínio do "texting" e das relações, tais como Borkovec, Dugas, Reed ou Solis.

As palavras-chave foram introduzidas em bases de dados informatizadas através da biblioteca da California Southern University, e a maior parte dos artigos académicos foi adquirida no EBSOhost, PsycINFO, PsycARTICLES, Psychology and Behavioral Sciences Collection e ProQuest. Por vezes, os artigos académicos foram adquiridos através do Google Scholar. Se um artigo jurídico importante não estivesse disponível na base de dados da universidade, recorria-se ao empréstimo interbibliotecas. Alguns livros essenciais foram igualmente obtidos e incorporados na análise da literatura devido à substância que a informação fornecia para a interpretação do assunto. A vasta pesquisa bibliográfica permitiu encontrar cerca de 180 artigos. Destes, 110 estudos foram selecionados para análise, 86 eram de método quantitativo e os restantes 16 eram estudos qualitativos.

Instrumentação

Foi então planeado um mapa da literatura, utilizando uma folha de cálculo para organizar e classificar a literatura sob os títulos apropriados, relevantes para as questões de investigação apresentadas. Os artigos académicos foram examinados para inclusão no estudo com base na sua importância para as questões de investigação. Foram elaboradas breves descrições de cada artigo jurídico, para que o investigador pudesse distinguir facilmente os dados aplicáveis a cada sector da revisão da literatura e para que a referência cruzada dos dados fosse mais simples. Em seguida, a informação foi reunida tematicamente por modelos sociocognitivos de mensagens de texto e comunicação e depois por questões de investigação.

Recolha de dados

Um dos pontos fortes do método fenomenológico é o facto de humanizar a nossa compreensão das experiências, que são frequentemente consideradas complexas e difíceis. A humanização do conhecimento é de importância vital como base para uma prática de investigação ética. Em muitos aspectos, o tema das mensagens de texto é intrinsecamente complicado e multifacetado. Dado o papel da vulnerabilidade e do sofrimento associado às variáveis de investigação, parece haver uma necessidade particular de uma abordagem capaz de obter conhecimentos mais humanos em torno da experiência das mensagens de texto nas relações conjugais.

A maior parte da investigação é efectuada através da base de dados da biblioteca da

California Southern University, ProQuest Psychology Journals, e do Google Scholar. Vários artigos e livros são localizados através de listas de referência para listas de leitura recomendada associadas. A análise original das bases de dados da California Southern University revelou numerosos estudos empíricos sobre comunicação e também forneceu muitos estudos sobre mensagens de texto e relações românticas, que ajudam a responder às questões de investigação. As perspectivas de longo alcance enfatizam as suposições filosóficas primárias de uma psicologia integrativa no estudo. Este projeto segue uma abordagem temática que utiliza a metodologia de revisão interpretativa ou teórica da literatura. As três questões de investigação são exploradas numa cronologia sistémica e temática. A formação de categorias ou códigos apoia a construção de relatos específicos, cultiva temas e fornece uma compreensão no que diz respeito à avaliação da interpretação na literatura (Creswell, 2013). Os códigos ou categorias são as palavras exactas utilizadas num estudo ou por colaboradores de um estudo, pelo que os temas são elementos de dados que contêm vários códigos combinados para formar uma ideia partilhada (Creswell, 2013). A codificação é efectuada em, pelo menos, duas fases. A codificação da primeira fase é simples e envolve a ligação de partes do texto salientes para a questão de investigação, com uma frase descritiva curta. O objetivo é captar a natureza fundamental de uma determinada unidade de dados, para captar o seu significado básico.

Em seguida, a codificação da segunda fase é mais desafiante, na medida em que envolve um envolvimento e uma conceção mais profundos do fenómeno. A segunda fase requer uma interação mais integradora, analítica e concetualmente abstrata com os dados. Revisitando os códigos iniciais e aprofundando-os, começa a surgir uma nova compreensão. Eventualmente, os códigos-chave começam a assumir um carácter mais estabelecido e a presença de temas.

O procedimento de codificação para este estudo é o da codificação aberta, em que uma categoria de codificação aberta, o envio de mensagens de texto como comunicação nas relações conjugais, é a ocorrência central que é utilizada para organizar a literatura. As classificações que se desenvolvem a partir do fenómeno central resultam de um paradigma de codificação axial, à medida que surgem os tipos de comunicação utilizados em relação ao tipo de mensagens enviadas entre parceiros conjugais.

A categorização é uma etapa analítica do processo, que envolve uma reflexão profunda sobre códigos e temas como forma de desenvolver um sentido dos padrões emergentes que estes contêm, e dá uma organização temática aos dados. Todos os códigos e temas foram introduzidos na folha de cálculo do Excel e agrupados de acordo com as semelhanças, diferenças e relações. Os temas relacionados são agrupados e organizados de acordo com padrões, o que constitui a base para a criação de categorias mais alargadas dos dados.

Os artigos jurídicos e os dados retirados de livros, que estão envolvidos nesta revisão da literatura, são selecionados com base na sua objetividade, validade e fiabilidade, que são consideradas a "santíssima trindade" da investigação de qualidade (Spencer, Ritchie, Lewis, & Dillon, 2003, p. 59). Ao pilotar uma revisão teórica, é fundamental que a literatura selecionada seja fidedigna e tenha obedecido aos princípios do método científico, por exemplo, ter uma metodologia sólida (Creswell, 2013). São utilizadas fontes principais, que são os dados recolhidos e explorados pelos próprios investigadores, em vez de fontes secundárias. Também são utilizados artigos académicos, em vez de artigos não académicos. Por conseguinte, os blogues, os artigos de jornais e as revistas de entretenimento não são utilizados no projeto. Os artigos académicos, que passam pelo processo de revisão por pares, são compostos por especialistas no assunto e são planeados para espectadores académicos. A revisão por pares é um método estabelecido para melhorar o valor e diminuir os defeitos antes da publicação (Levy & Ellis, 2006).

Além disso, uma das principais condições de inserção é que sejam selecionados os artigos de investigação mais actuais. Muitos dos artigos utilizados neste projeto de doutoramento têm menos de cinco anos. No entanto, são feitas concessões no sentido de que os artigos considerados significativos ou revolucionários sobre o assunto, mas com mais de cinco anos, sejam incluídos para criar uma base teórica para o projeto. Em seguida, os artigos e os capítulos são explorados em função das questões de investigação e a informação é estudada para identificar os temas partilhados que surgem em cada artigo. Estes temas partilhados são depois introduzidos numa folha de cálculo do Microsoft Excel, que funcionou como fonte para a resolução de cada questão de investigação.

Análise de dados

O objetivo da análise de dados num estudo hermenêutico é manter a singularidade da experiência vivida por cada pessoa e, ao mesmo tempo, permitir a compreensão do significado do próprio fenómeno. Para atingir este equilíbrio, é concebido e aplicado um método de análise baseado nos princípios hermenêuticos associados à procura de significados essenciais. A natureza co-criativa e fluida da fenomenologia hermenêutica, juntamente com o seu objetivo primordial de criar novas compreensões, fornece a justificação para modificar um processo de análise informado por várias fontes. Os métodos de análise de dados para este estudo são adaptados dos princípios e métodos fenomenológicos e hermenêuticos utilizados por investigadores como Swinton, Saldana e Smith.

Para realizar a análise dos dados da literatura associada, são escolhidos artigos académicos centrados na relação do tema com as questões de investigação. Neste estudo teórico, a exploração e a incorporação das obras citadas - fontes primárias e secundárias - são totalmente qualitativas, empregando, assim, raciocínio indutivo, análise comparativa e revisão temática. As análises são moldadas com base na comparação subjectiva de tais resultados (Creswell, 2013). Os temas são reconhecidos com base nos assuntos dominantes e na sua ligação direta a uma determinada questão de investigação.

Uma caraterística essencial desta investigação é a exploração da comunicação por texto com um cônjuge e o tipo de informação que é enviada por SMS. Assim, uma das principais suposições que reforçam este estudo de doutoramento é que os cônjuges sentem discórdia quando enviam mensagens de texto com informações importantes um para o outro, em vez de conversarem pessoalmente. Isto faria com que algumas mensagens fossem mal interpretadas, aumentando assim o afastamento entre os parceiros. Presume-se também que as mensagens essenciais devem ser breves e que as mensagens de texto não devem ser utilizadas para evitar o cônjuge durante a transmissão de informações importantes.

Um princípio adicional em que se baseia este estudo de doutoramento é o de que os inquéritos utilizados nestes estudos que investigam tipos de condições para o envio de mensagens de texto seguiram os procedimentos adequados para a sua administração e emprego. Nos casos em que os investigadores não seguem exatamente as orientações sugeridas, presume-se que estipularam esse dado, bem como o motivo pelo qual o fizeram. Assim, outra suposição é a de que as entrevistas, os procedimentos e os inquéritos foram conduzidos por profissionais da área que obtiveram um ensino regulamentado na administração da avaliação ou dos procedimentos e que estes profissionais respeitaram as diretrizes éticas para a utilização de participantes em investigação humana, tal como definido pelo Código de Ética da APA (2010).

Uma limitação de qualquer revisão teórica é o facto de estar diretamente relacionada com os recursos de dados incorporados no estudo, o que tem uma influência direta na análise subsequente dos dados. Com ênfase na forma como o envio de mensagens de texto está relacionado com a comunicação conjugal e a discórdia, há uma grande dependência de medidas de auto-relato de evitamento, ansiedade, pensamento negativo repetitivo, intolerância à incerteza e outras medidas, sem tanta dependência de procedimentos implícitos, como investigações fisiológicas ou tarefas Stroop. Consequentemente, as parcialidades relacionadas com a utilização de procedimentos de auto-relato, como a fiabilidade, o incentivo, o preconceito de resposta, a administração de impressões e a auto-apresentação, podem ser evidentes, distorcendo provavelmente os resultados da investigação. Uma outra limitação central desta investigação é o facto de o método teórico impedir a simplificação dos resultados para a população em geral. Por último, uma restrição adicional é a mudança de categoria para as observações experimentais envolvidas nesta investigação de doutoramento. A Society of Clinical Psychology Task Force on Promotion and Dissemination of Psychological Procedures estabelece uma diferença entre comportamentos eficazes e acções bem estabelecidas.

Um dos principais objectivos deste projeto de doutoramento é fornecer dados relativos a vários tipos de opções de comunicação disponíveis para um cônjuge que tenha determinado que as mensagens de texto são uma questão central no corte de uma relação conjugal. Normalmente, quando se fala em comunicação por texto, a parcialidade é especificada para as opções de comunicação que são categorizadas como não argumentativas ou negativas, dois estudos experimentais estabeleceram a superioridade de mensagens de texto positivas em vez de dados negativos trocados por texto, ou a escolha de mensagens de texto estabeleceu equivalência no resultado a outro modo tradicional de comunicação. No entanto, muitas das possibilidades de envio de mensagens de texto atualmente utilizadas na comunicação conjugal não são bem recebidas, com exceção de breves mensagens de check-in e actualizações. Muitas das comunicações de texto abrangidas por este estudo de doutoramento são desvios ou variantes das mensagens de texto breves, mas não foram objeto de uma análise rigorosa que permita validar sistematicamente a sua utilização na comunicação conjugal.

A conceção e a metodologia de investigação escolhidas destinam-se a responder às questões de investigação que abrangem o objetivo desta investigação. Ao utilizar uma revisão teórica, espera-se que possam ser recolhidos novos dados sobre as mensagens de texto na relação conjugal, de forma a que, em conjunto, se procure eliminar as mensagens de texto indelicadas e compreender os efeitos dos tipos de mensagens na comunicação conjugal. O capítulo quatro deste projeto de doutoramento descreve os resultados da revisão da literatura, uma vez que corresponde às três questões de investigação exploradas na investigação. Através da exploração da informação, obtida através da vasta revisão da literatura, espera-se que a nossa interpretação do papel das mensagens de texto na relação conjugal aumente. A inferência deste projeto de doutoramento, realizada no Capítulo Cinco, recapitula as principais descobertas, enfatiza os efeitos dos resultados através de esclarecimentos e inferências, e apresenta sugestões para mais investigação sobre o tema.

CAPÍTULO QUATRO

RESULTADOS

Este capítulo apresenta um resumo das informações relativas aos dados recolhidos a partir da extensa revisão da literatura, bem como conclusões que abordam cada uma das questões de investigação. O objetivo do estudo era investigar os efeitos das mensagens de texto na relação conjugal (Borkovec, et al., 2004). O estudo foi teórico e envolveu uma revisão exaustiva e abrangente da literatura para determinar os efeitos das mensagens de texto na relação conjugal. Envolveu uma interpretação hermenêutica da literatura (Behr, 2016). O estudo explorou o tipo de comunicação que é melhor transmitido através de mensagens de texto em comparação com outros modos de comunicação, bem como as questões envolvidas quando as mensagens de texto são utilizadas na troca de informações importantes com um cônjuge. As vantagens e limitações das mensagens de texto como principal forma de comunicação no casamento também foram exploradas neste estudo (Carleton, 2004). A revisão da literatura é uma área de estudo digna de nota, uma vez que a falta de compreensão dos efeitos das mensagens de texto na relação conjugal é um fator importante na prevalência de problemas de comunicação no casamento.

Participantes

Os participantes deste estudo teórico são os artigos jurídicos utilizados na revisão da literatura (Chelsey, 2005). A informação recolhida a partir destes artigos de journal fornece uma compreensão clara dos efeitos das mensagens de texto na relação conjugal. Surgem temas proeminentes nos artigos de jumas revistos por pares para responder às questões colocadas no estudo (Coyne, etal., 2011). A ampla revisão da literatura utilizada para explorar as questões de investigação envolveu, em grande parte, artigos jurídicos actualizados e revistos por pares. Os artigos estão organizados de forma a mostrar a correlação com a questão de investigação em perspetiva. Os artigos visados por este estudo são artigos que investigam as mensagens de texto nas relações conjugais, os tipos de informação enviada por mensagem de texto e os benefícios e limitações de enviar mensagens de texto ao cônjuge (Davis, 1985)

Resultados Primeira questão de investigação

Os resultados da Primeira Questão de Investigação são agora apresentados com base no número de artigos pesquisados e de 32 artigos analisados, utilizando o método hermenêutico. Segue-se uma tabela que demonstra exemplos da amplitude e profundidade da pesquisa, juntamente com os artigos incluídos na análise, que aborda a fiabilidade e validade dos temas apresentados (Yin, 2006), tanto das categorias impostas pelo investigador como das categorias emergentes dos dados (Kinsella 2015).

Quadro 1

Primeira questão de investigação - Gráfico do impacto saliente

Author	Themes	Subjects
Abeele et al., 2016	Impression formation	446 mobile Phone users
Berenbaum et al., 2012	Worry and Emotional Styles	239 Student Participants
Borkovec et al., 2004	Avoidance Theory	33 GAD therapy Study
Buhr et al., 2016	Intolerance of Uncertainty	239 University Students
Carleton et al., 2007	Fear of Unknown	122 Community Members
Chelsey, 2005	Blurring Boundaries	1367 Cornell Couples
Coyne et al., 2011	Descriptive Study of Media Use	633 Families
Davis, 1985	Near and Far	76 Texters
Faulkner, 2005	When Fingers Do the Talking	565 Mobile Phone Users
Hemmer, 2009	Impact of Messaging	10 Mixed Focus Groups

Que tipo de informação é melhor transmitida através de mensagens de texto na relação conjugal?

Para responder a esta pergunta de investigação, foram selecionados, revistos e analisados 136 artigos de investigação (Faulkner & Culwin, 2005). Foram utilizadas palavras-chave de pesquisa para localizar os artigos. Os temas proeminentes foram listados numa folha de cálculo, a fim de tirar conclusões relevantes sobre o papel que as mensagens de texto desempenham na relação conjugal. Foram utilizados 32 artigos para a análise temática, utilizando o método de investigação hermenêutica. A tabela acima apresenta um exemplo dos artigos analisados.
De acordo com a teoria cognitiva comportamental, os tipos de informação transmitidos, em comparação com outras formas de comunicação, podem ser afectados pelas ideias cognitivas predeterminadas pelo destinatário dos textos (Abeele et al., 2016).

Tema um - Conteúdo

Vários tipos de informação são dignos de nota quando se considera o seu efeito na parceria conjugal. A investigação apoia o facto de o conteúdo ser significativo quando se envia uma mensagem de texto ao cônjuge. As mensagens sobre o tempo e as tácticas são menos susceptíveis de serem mal interpretadas do que o conteúdo emocional (Hemmer, 2009). Os comentários sobre sentimentos como o medo, a raiva ou a solidão não são susceptíveis de terminar tão bem como se fossem transmitidos ao vivo (Borkovec et al., 2004).

O tipo de correspondência utilizada para enviar mensagens de texto tem impacto nos seus efeitos sobre a parceria conjugal. São explorados tipos específicos de mensagens de texto, incluindo participantes que utilizam mensagens de texto para deliberar sobre assuntos sérios, enviar textos rudes, discutir assuntos combativos, pedir desculpa e demonstrar afeto. Verificou-se que o envio de mensagens maldosas está relacionado com a opinião do remetente sobre os comportamentos de comunicação presencial (Borkovec et al., 2004). Se o cônjuge vê o outro como conflituoso, é mais provável que envie mensagens ofensivas através de texto para evitar conflitos entre duas pessoas (Hemmer, 2009).

Também se verificou que o envio de mensagens de texto para pedir perdão em resposta à irritação do cônjuge depende da forma como este recebe a comunicação F2F. Se o cônjuge considerar o destinatário da mensagem como conflituoso, tende a enviar mensagens a pedir desculpa (Buhr et al., 2016). A investigação confirma que enviar mensagens de texto sobre temas importantes não diminui a preocupação dos destinatários, antes a aumenta. A investigação sustenta que enviar mensagens de texto para propor um tópico conflituoso prova que os parceiros não gostam de conflitos nas interações F2F (Coyne et al., 2011).

Os tipos de correspondência para os quais as mensagens de texto são utilizadas têm impacto no seu efeito sobre a parceria, uma vez que os tipos específicos de mensagens investigados nos estudos revelam que as mensagens de texto podem prejudicar o desenvolvimento da relação, não só devido ao conteúdo das mensagens de texto, mas também devido à frequência das mesmas (Carleton, 2007). Os estudos concluem que a 'resposta ao descontentamento' é mais rápida no F2F porque há constrangimento com as mensagens de texto e não se consegue ver a emoção de um parceiro, o que é significativo (Chelsey, 2005).

Tema dois - Emoções

Alguns parceiros consideram as mensagens de texto frequentes intrusivas, o que os ameaça e os afasta. De acordo com Schade et al. (2013), enviar uma mensagem de texto positiva ao cônjuge pode reforçar a validação. Um texto de flirt aqui e ali é bom nas relações conjugais, mas um texto com mais de 100 caracteres revela-se problemático (Chelsey, 2005). As mensagens de texto tornaram-se um modo de vida para muitas pessoas, mas os estudos revelam que não podem substituir a voz ou o toque humano. Quando as emoções se envolvem nas mensagens de texto, estas podem rapidamente dissolver-se num jogo de poder, dependendo do tipo de mensagem enviada (Carlton et al., 2007).

Discussão Questão de investigação um

A investigação mostra que o envio de certos tipos de mensagens de texto pode levar à deterioração das relações conjugais. A comunicação é fundamental para a manutenção das relações conjugais e certos tipos de mensagens enviadas por SMS podem diminuir a intimidade entre os cônjuges (Abeele etal., 2016). A impressão formada pelo parceiro devido ao tipo de mensagem recebida pode criar conflitos na relação. Esta é a mesma ferramenta de comunicação que pode ajudar os parceiros a sentirem-se mais próximos quando estão separados, mas que também pode prejudicar a relação (Coyne, et al., 2011). A investigação recente alarga as informações sobre a investigação conjugal e as mensagens de texto, examinando os tipos de textos enviados aos cônjuges.

Embora as mensagens de texto sejam a forma de comunicação mais popular no que respeita ao tipo de mensagens enviadas, podem ser prejudiciais. Por exemplo, textos zangados podem criar distância emocional nas relações (Davis, 1985). Os investigadores observam que as mensagens de texto substituíram uma comunicação mais gentil e íntima. Quando os cônjuges querem evitar a comunicação face a face, enviam mensagens de texto com raiva, mesmo quando sabem que devem telefonar (Faulkner & Culwin, 2005).

Resultados Pergunta de investigação dois

Os resultados da Segunda Questão de Investigação são agora apresentados com base no número de 280 artigos pesquisados e 46 artigos analisados, utilizando o método hermenêutico. Segue-se uma tabela que demonstra exemplos da amplitude e profundidade da pesquisa e dos artigos, incluídos na análise, que aborda a fiabilidade e a validade dos temas apresentados (Yin, 2006), tanto das categorias impostas pelo investigador como das categorias emergentes dos dados (Kinsella 2015).

Quadro 2

Quadro de impacto saliente - Segunda questão de investigação

Authors	Article	Participants
Bradbury et al., 2000	Determinants of Marital Satisfaction	45,000 couples
Campbell et al., 2009	Effects of Texting in Relationships	139 participants
Chiluwa et al, 2015	Texting and Relationships	247 participants
Mentor, 2017	Exploring and Connectedness	217 participants
Shanhong, 2014	Texting and Satisfaction in Relationships	621 participants
Misra, et al., 2016	The IPhone Effect	43 participants
Pettigrew, 2009	Text Messaging and Connectedness	452 participants
Turkle, 2011	Being alone together	231 participants
Wilding, 2006	Virtual Intimacies	784 participants
Zillman, 1988	Mood as effected by Technology	389 participants

Quais são as questões envolvidas quando as mensagens de texto são utilizadas na troca de informações importantes com um cônjuge? Para responder a esta pergunta de investigação, foram selecionados, revistos e analisados 280 artigos de investigação (Faulkner & Culwin, 2005). Foram utilizadas palavras-chave de pesquisa para localizar os artigos. Os temas proeminentes foram listados numa folha de cálculo, a fim de tirar conclusões relevantes sobre o papel que as mensagens de texto desempenham na relação conjugal. Foram utilizados 46 artigos para a análise temática utilizando o método de investigação hermenêutica. O quadro acima apresenta um exemplo dos artigos analisados. De acordo com a teoria cognitivo-comportamental, os tipos de informação transmitidos, em comparação com outras formas de comunicação, podem ser afectados pelas ideias cognitivas predeterminadas pelo destinatário dos textos (Abeele et al., 2016).

As mensagens de texto são os principais tipos de comunicação na cultura atual e tornaram-se um veículo principal utilizado na comunicação romântica. Por este motivo, as mensagens de texto quase substituíram os tipos convencionais de correspondência relacional, como a palavra escrita (Faulkner & Culwin, 2005). Embora as mensagens de texto permitam que os parceiros românticos avancem e mantenham as suas parcerias, também podem gerar uma possível dificuldade. A presente investigação explora a medida em que as mensagens de texto afectam as parcerias românticas (Wilding, 2006).

Tema um - Orientações

As mensagens de texto são um tipo de comunicação relativamente recente e existe uma falta de orientações e direcções para as trocas de mensagens. Este défice de regras pode eventualmente causar desacordo ou discórdia em parcerias, particularmente as de carácter romântico (Hemmer, 2009). Não existe um protocolo habitual para o tamanho adequado das mensagens, o tempo de resposta ou a frequência da comunicação. Consequentemente, os utilizadores são forçados a compreender o protocolo de mensagens de texto estabelecido a partir da sua experiência anterior e das indicações culturais do seu cônjuge (Misra, et al., 2016).

Não existe uma exploração académica nominal que se concentre nos efeitos das mensagens de texto nas relações conjugais. A investigação atual relativa a este tipo de comunicação tem englobado a utilização de mensagens de texto em ambientes de escritório e organizacionais ou os efeitos sociolinguísticos da mensagem de texto (Hemmer, 2009). Assim, esta investigação tenta desenvolver a investigação atual para se concentrar na influência que as mensagens de texto têm nas parcerias românticas, particularmente na parceria conjugal (Shanhong, 2014).

Segundo tema - Danos

Embora a investigação tenha concluído que as mensagens de texto desempenham um papel importante no romance, a maioria dos estudos concorda que podem ser prejudiciais para uma união conjugal. Uma caraterística das mensagens de texto que a investigação concluiu ser destrutiva é o facto de os parceiros verem as mensagens de texto um do outro (Coyne, et al., 2011). Desta forma, as mensagens de texto fornecem uma documentação escrita da correspondência e podem igualmente tornar acessível a prova de segredos ou indiscrições (Bradbury et al., 2000).

Em geral, estes estudos determinam que as mensagens de texto afectaram grandemente a comunicação dos parceiros casados. Cada participante na investigação utiliza as mensagens de texto como um instrumento para manter as suas relações, seja para manter o contacto ou para expressar emoções (Hemmer, 2009). Conforme determinado pelos investigadores, as mensagens de texto têm uma profunda influência na comunicação conjugal. Como principal tipo de correspondência, a investigação documenta um acordo partilhado sobre as expectativas de resposta, os emblemas e o fraseado, que é exclusivo das mensagens de texto (Buhr et al, 2016). A investigação partilhou a compreensão dos emoticons e as participantes do sexo feminino interpretaram comparativamente a falta de resposta a um texto do cônjuge como uma espécie de rejeição (Campbell & Ling, 2009).

Discussão da segunda questão de investigação

Além disso, estes estudos descobriram que as mensagens de texto não podem ser o principal tipo de correspondência numa parceria conjugal. A investigação apoia uma importância elevada na comunicação F2F e na comunicação por voz, colocando-as como melhores tipos de comunicação (Shanhong, 2014). Os investigadores afirmaram que estes dois tipos de correspondência são úteis para trocar informações importantes, enquanto as mensagens de texto são consideradas uma alternativa menor para um intercâmbio importante. É provável que as mensagens de texto não sejam automaticamente precisas, tendo em conta as cognições instintivas dos utilizadores (Zillman, 1988). Conforme documentado pelos investigadores, as mensagens são frequentemente editadas, revistas e, por vezes, escritas por outras pessoas, o que reforça o princípio de Berger e Calebrese (1975) de que as pessoas podem eliminar dúvidas utilizando abordagens dinâmicas. Os investigadores pediram ideias e recomendações sobre o material a incluir numa mensagem de texto, o que pode confundir a consciência da pessoa autêntica por trás da mensagem (Misra, et al., 2016).

Durante os períodos iniciais de uma relação ou em situações de namoro informal, as mensagens de texto são um tipo de correspondência idílico, uma vez que ajudam a reduzir as dúvidas e diminuem a apreensão. Como os investigadores notaram, uma vez estabelecida a ligação, são apresentados outros tipos de comunicação (Mentor, 2017). No entanto, embora as mensagens de texto sejam um meio perfeito para trocar breves informações ou agendar reuniões presenciais, os investigadores conhecem bem os perigos de dar demasiada importância às mensagens de texto. A comunicação F2F e a ligação presencial são ainda tremendamente vitais na parceria conjugal (Turkle, 2011). Devido à elevada possibilidade de mal-entendidos e à incerteza das mensagens sucintas, as expressões faciais e a variação vocal são provavelmente os únicos métodos para determinar com exatidão o sentimento. Embora os emoticons possam ajudar a exprimir adicionalmente as emoções, os parceiros necessitam provavelmente de contacto F2F e de ligações valiosas para manter as relações (Bradbury et al., 2000).

Surgiram muitos modelos na investigação, que merecem ser objeto de um estudo mais aprofundado. Com base nas respostas dos participantes, parece que o fosso geracional proporciona grandes diferenças no estilo e na compreensão das mensagens de texto. Este tópico poderia produzir novas descobertas sobre como indivíduos de diferentes idades utilizam as mensagens de texto (Chiluwa, et al., 2015). Além disso, a utilização de emoticons, à medida que se torna mais prevalecente, seria um foco de investigação digno. Em particular, poder-se-ia investigar as diferenças de género na utilização de emoticons e a utilização de emoticons em cenários românticos ou de namoro (Campbell & Ling, 2009).

Resultados Pergunta de investigação três

Os resultados da terceira questão de investigação são agora apresentados com base no número de artigos pesquisados e nos 23 artigos analisados, utilizando o método hermenêutico. Segue-se uma tabela que demonstra exemplos da amplitude e profundidade da pesquisa e dos artigos, incluídos na análise, que aborda a fiabilidade e a validade dos temas apresentados (Yin, 2006), tanto das categorias impostas pelo investigador como das categorias emergentes dos dados (Kinsella 2015).

Quadro 3

Quadro de Impacto Saliente - Questão de Investigação Três

Authors	Topic	Participants
Campbell & Ling, 2009	Effects of Texting	139 participants
Chotpitayasunondh & Douglas 2016	Pphubbing	867 participants
Gergen, 2002	Absent Presence	92 participants
Katz & Aakhus, 2002	Perpetual Contact	631 participants
Lai & Katz, 2012	Evolution and Cellphones	258 participants
Mead, 1972	Mind, Self and Society	423 participants
Perry & Werner-Wilson 2011	Couples and Communication	83 participants
Przybylski & Weinstein, 2013	How Technology influences F2F Communication	762 participants
Sufferlin, 2013	Frequency of Texting	45 participants
Su, 2016	Constant Communication and Technology	236 participants

Quais são as limitações e os benefícios das mensagens de texto como principal forma de comunicação no casamento? Para responder a esta pergunta de investigação, foram selecionados, revistos e analisados 160 artigos de investigação (Faulkner & Culwin, 2005). Foram utilizadas palavras-chave de pesquisa para localizar os artigos. Os temas proeminentes foram listados numa folha de cálculo, a fim de tirar conclusões relevantes sobre o papel que as mensagens de texto desempenham na relação conjugal. Foram utilizados 23 artigos para a análise temática utilizando o método de investigação hermenêutica. O quadro acima apresenta um exemplo dos artigos analisados. De acordo com a teoria cognitivo-comportamental, os tipos de informação transmitidos, em comparação com outras formas de comunicação, podem ser afectados pelas ideias cognitivas predeterminadas pelo destinatário dos textos (Abeele et al., 2016).

Tema um - Distração

De acordo com os especialistas, os smartphones são uma fonte de distração que sobrecarrega as nossas vidas. O nosso apego aos telemóveis tornou-se tão intenso que a sua mera presença pode diminuir o nosso interesse na comunicação com o nosso cônjuge (Chotpitayasunondh & Douglas, 2016). Os investigadores medem até que ponto a mente de uma pessoa se consegue concentrar numa determinada tarefa e a inteligência fluida de uma pessoa quando o seu Smartphone está presente (Gergen, 2002). Os resultados foram impressionantes e revelaram que a proximidade dos telemóveis afecta diretamente o nível de envolvimento de um cônjuge com o seu companheiro. A investigação também confirma que a maioria dos cônjuges não se apercebe dos efeitos que os seus telefones têm sobre eles e não se apercebe que são uma fonte de distração (Katz & Aakhus, 2002).

Se um cônjuge olhar para o seu dispositivo para verificar os resultados do futebol durante um encontro com o cônjuge, pode receber um olhar de reprovação. Se um cônjuge escreve o nome de uma atriz no IMDb enquanto vê televisão e depois se segue com um joumey de 10 minutos no buraco negro do seu ecrã, distraído por uma notificação de texto ou de jogo, o parceiro pode perguntar-se se está mesmo a ver televisão ou se está completamente desligado.

Muitos cônjuges vão para a cama à noite com os telemóveis nas mesas de cabeceira, metem-nos no bolso quando andam de quarto em quarto e consideram aceitável usá-los quando estão com os seus parceiros, quer estejam a conversar, a aconchegar-se ou a ler ao lado deles. Os especialistas afirmam que o uso do smartphone está a desgastar os casamentos através de hábitos que, por vezes, não são ameaçadores, mas muitas vezes irritantes, causando desacordos e obrigando os casais a ponderar uma questão cada vez mais importante: Em que momento estamos a escolher passar mais tempo com os nossos smartphones do que com os nossos cônjuges (Coyne et al., 2011).

A maioria dos casais trabalha conscientemente para diminuir o tempo de ecrã quando estão com os filhos; alguns parceiros afirmam que têm uma regra de não ter telemóveis à mesa de jantar. Alguns pais comunicam que estão à mesma mesa com os filhos, mas que estão a mundos de distância um do outro se os dispositivos estiverem presentes (Chelsey, 2005). Referem que trabalham todo o dia e que, em vez de falarem uns com os outros, olham para os seus ecrãs. Sabem que não podem continuar a fazê-lo, mas, ao mesmo tempo, não conseguem parecer que estão a parar. Não estão a conversar. Na maior parte das vezes, tentam impor a regra de não usar smartphones à mesa de jantar, mas quando as crianças vão dormir, envolvem-se numa espécie de tempo de ecrã livre para todos (Buhr et al., 2016).

Tema dois - Intimidade

Outros estudos sustentam que quanto mais um cônjuge depende das mensagens de texto numa relação para comunicar informações importantes, maior é a penalização da intimidade que sofre. A integração dos smartphones na vida quotidiana parece causar uma perda de intimidade que pode diminuir competências mentais vitais, como aprender a ter discussões frente a frente sobre assuntos difíceis. A investigação sugere que os nossos pensamentos e sentimentos podem ser distorcidos por forças externas como os Smartphones (Mead, 1972).

A comunicação do casal deve criar intimidade e proximidade. A intimidade é a capacidade de se relacionar com outro ser humano a um nível profundo e personalizado (Sufferlin, 2013). A interação através de mensagens de texto provoca isolamento e compromete a interação pessoal com o parceiro. As mensagens de texto são frequentemente enviadas num estado de pressa e, muitas vezes, a pessoa que as envia está preocupada (Solis, 2007). Há alturas em que a mensagem enviada é mal interpretada pelo parceiro, o que se torna problemático para o casal.

Discussão Questão de investigação três

O Smartphone é um íman de atenção diferente de tudo o que já tivemos de enfrentar antes. As competências sociais e as relações sofrem quando os smartphones estão por perto e servem como uma lembrança constante de todos os amigos com quem poderíamos estar a conversar através de mensagens de texto; eles puxam pela nossa mente quando estamos a falar com outras pessoas pessoalmente, deixando as nossas conversas mais superficiais e menos satisfatórias (Davis, 1985). De acordo com a investigação, a proximidade e a confiança interpessoais são inibidas pelas mensagens de texto e diminuem o grau de empatia e compreensão que os indivíduos sentem pelos seus parceiros. As desvantagens das mensagens de texto são mais fortes quando um tópico pessoalmente significativo está a ser discutido (Perry & Werner-Wilson, 2011).

Os smartphones utilizados para enviar mensagens de texto estão repletos de muitas fontes de estimulação e podem desviar a atenção de um cônjuge da relação. Por vezes, os cônjuges simplesmente não conseguem tirar a atenção dos seus telemóveis e esta é uma questão prioritária e contínua na relação (Przybylski & Weinstein, 2013). As qualidades consideradas mais atractivas do telemóvel são as mesmas que lhe conferem tanta influência na mente dos parceiros conjugais (Lai & Katz, 2012). Os telemóveis são concebidos para ocuparem o máximo de atenção possível durante as horas de vigília, o que pode fazer com que se negligenciem as ligações F2F. Esperava-se que as mensagens de texto tornassem as relações mais próximas e sempre ligadas, mas, em geral, não é esse o caso. Os parceiros conjugais tornam-se distraídos e negligenciam a relação conjugal (Campbell & Ling, 2009).

Resumo

Este capítulo apresenta um resumo da análise efectuada com o objetivo de responder à pergunta de investigação. A literatura sugere que o tipo de informação que é melhor enviar através de mensagens de texto é significativo para a felicidade da relação conjugal. Em geral, quanto mais um indivíduo utiliza as mensagens de texto para discutir tópicos importantes, apresentar questões desafiantes e pedir desculpa, mais desagradáveis se tornam as interações F2F para os casais. Quando os parceiros utilizam as mensagens de texto para manifestar afeto, as actividades de comunicação F2F tornam-se menos combativas para ambos os indivíduos (Su, 2016).

Um dos principais objectivos deste estudo é analisar a investigação sobre os efeitos das mensagens de texto na relação conjugal. As mensagens de texto são uma forma eficaz de comunicação, mas são problemáticas nas relações conjugais (Berush, 2016). O uso da tecnologia tem crescido de forma constante durante muitos anos, distraindo-nos da comunicação pessoal. O envio de mensagens de texto é um dos maiores problemas na comunicação conjugal (Chiluwa, et al., 2015). Os casais não só perdem o valor da intimidade pessoal nas conversas, como também interpretam mal o significado das declarações através das mensagens de texto.

O presente estudo expande a exploração das parcerias conjugais através da observação das mensagens de texto. Foi avançado um modelo teórico para explorar os efeitos indesejáveis das mensagens de texto nas uniões conjugais, propondo que as mensagens de texto contínuas fazem com que os parceiros estejam presentes com os seus telemóveis em vez de se ligarem ao cônjuge, o que diminui o valor aparente de uma relação conjugal através de dois desenvolvimentos diferentes. O mecanismo da teoria reconhece os meios pelos quais isso ocorre, particularmente: (1) desentendimentos que ocorrem entre os cônjuges por causa do comportamento de envio de mensagens de texto; e (2) falta de intimidade, a partir de comportamentos de envio de mensagens de texto que mudam a concentração no parceiro conjugal (Su, 2016). A aceitação social e outras influências, como a disposição e a lembrança, podem ter impacto no resultado. Em conclusão, os resultados deste estudo especificam que uma tecnologia que assegura uma comunicação melhorada, e que pode provavelmente conseguir isso quando os parceiros não estão fisicamente presentes, também causa danos colaterais mensuráveis às parcerias conjugais quando é utilizada se os parceiros estiverem presentes (Sufferlin, 2013).

Os resultados sugerem que as maiores influências das mensagens de texto nas parcerias conjugais podem ser indesejáveis em certos casos, embora menos facilmente mensuráveis devido ao tipo de relações mais breves e à menor extensão das influências. Com o desenvolvimento de tecnologias mais avançadas para encapsular e medir os sentimentos e as acções, estes temas poderão ser objeto de uma análise mais aprofundada (Perry & Werner-Wilson, 2011). Além disso, o enquadramento dos comportamentos é de importância crucial para estabelecer as reacções das pessoas às acções que as rodeiam, e as percepções normativas dos mesmos podem modificar-se ao longo do tempo, pelo que os cônjuges em cenários sociais fazem, de facto, parte de um conjunto inter-relacionado e permutável de práticas comportamentais. Assim, para desvendar estes problemas multifacetados, os estudos longitudinais com cálculos avançados serão importantes; podem ajudar os académicos e as próprias pessoas comuns a compreender os resultados finais das correspondências com partes externas enquanto permanecem dentro de uma relação (Lai & Katz, 2012). É provável que as pessoas se tornem mais competentes em multitarefas, em particular nesta área, e assim mais capazes de gerir as dificuldades de recursos que parecem prejudicar a parceria conjugal. Aparentemente, as pessoas podem tornar-se mais hábeis a funcionar ou, no mínimo, a esconder as suas acções, de modo a que o parceiro conjugal deixe de sofrer as influências destrutivas observadas na investigação anteriormente discutida. É provável que os cônjuges desenvolvam uma familiaridade com as rejeições e os danos (Sufferlin, 2013).

CAPÍTULO CINCO

DISCUSSÃO

O problema em muitas relações conjugais é a falta de comunicação pessoal e, agora que a tecnologia é predominante, as mensagens de texto tornaram-se uma das formas mais populares de comunicação entre casais. Este facto pode ser prejudicial para a relação, uma vez que as mensagens podem ser mal interpretadas através de mensagens de texto e perder-se o seu verdadeiro significado (Jin & Pena, 2010). As mensagens de texto também não permitem reuniões presenciais, comunicação presencial das necessidades e conversas sinceras. A investigação mostra que 82% dos casais trocam mensagens de texto entre si várias vezes por dia, de acordo com (Sandberg & Schade, 2013). Segundo os resultados do estudo, os homens afirmam que quanto mais frequentemente enviam mensagens de texto às suas parceiras, menor é a qualidade da relação. As mulheres também afirmam que, quando enviam mensagens de texto para pedir desculpa ou simplesmente para manter a relação, também registam uma menor qualidade da relação (Reed et al., 2015).

A influência da tecnologia nas nossas vidas não deve ser tomada de ânimo leve, nem o impacto que a tecnologia tem nas nossas relações. A tecnologia pode complicar as relações, uma vez que há menos oportunidades de interação presencial e mais oportunidades de interpretações erradas (Shanhong, 2014). Além disso, muitos de nós tornamo-nos guerreiros do teclado e dizemos coisas através de mensagens de texto que não teríamos coragem de dizer pessoalmente. Podemos optar por comunicar negativamente com o nosso parceiro desta forma, mais voluntariamente do que pessoalmente, e a relação pode ser afetada (Wardecker et al., 2016).

Um dos problemas das mensagens de texto é o facto de serem rápidas e de as fazermos rapidamente, em vez de darmos prioridade à relação. As conversas relacionais importantes devem ser uma prioridade (Shanhong, 2014). Se a agenda de um dos cônjuges for mais importante do que o bem-estar do casamento, isso já é uma situação difícil. Por exemplo, se tiverem uma ocasião para irem juntos, mas tiverem raiva por resolver, resolver o ressentimento deve ser a principal preocupação em vez de irem juntos ao evento (Sufferlin, 2013). Se já temos padrões de relacionamento prejudiciais, as mensagens de texto podem ser utilizadas de uma forma que irá prejudicar o nosso relacionamento mais do que melhorá-lo. As mensagens de texto podem começar a prejudicar a comunicação ou a ligação de uma forma negativa (Coyne et al., 2011).

Muitos casais cometem o erro de comunicar através de mensagens de texto e podem muitas vezes utilizá-las como uma ferramenta para resolver discussões. A comunicação eletrónica tem os seus prós e os seus contras (Sufferlin, 2013). No entanto, o que acontece quando as mensagens de texto se tornam num tipo de conflito e prejudicam a relação é importante para o bem-estar da relação conjugal. A nossa cultura atual depende fortemente da eletrónica como meio de comunicação, mas a tarefa é saber como comunicar melhor os seus pensamentos, emoções e reacções através de mensagens de texto (Campbell & Ling, 2009).

De acordo com a investigação, há algumas coisas a fazer e a não fazer nas mensagens de texto para ajudar a sua relação a manter-se saudável. É útil transmitir os seus pensamentos de amor, estima e gratidão, utilizando assim as mensagens de texto como forma de comunicar as suas cognições e emoções positivas em relação ao seu parceiro (Gergen, 2002). Não é útil tentar resolver desacordos através de mensagens de texto. Se você e o seu parceiro têm um passado de mensagens de texto mal sucedidas durante as discussões, evite usar o telemóvel e espere até estarem pessoalmente juntos (Katz & Aakhus, 2002). Além disso, compreenda que o seu parceiro pode não estar acessível a todas as horas do dia. Perceba que ele pode estar num local onde não é capaz de responder rapidamente (Lai & Katz, 2012). Não espere que o seu parceiro esteja acessível através de texto a todas as horas do dia. Isso não é realista e pode causar problemas no relacionamento conjugal (Perry & Werner-Wilson, 2011).

É necessário não responder de forma indelicada. O simples facto de o parceiro ser indelicado numa mensagem de texto não dá permissão para responder da mesma forma (Mead, 1972). Esforce-se por responder com respeito e amor. Além disso, diga ao seu parceiro que, quando surgir um conflito, o resolverá quando os dois puderem falar pessoalmente. A discussão presencial permite que os dois parceiros utilizem todas as técnicas de comunicação verbal e não verbal (Perry & Werner-Wilson, 2011). Evitar o envio de mensagens de texto indelicadas, que incluem comentários ofensivos, depreciativos, insultos ou comentários envergonhados. Os parceiros podem guardar as mensagens de texto indelicadas e recordar repetidamente as mensagens ofensivas (Przybylski & Weinstein, 2013). Rever as mensagens de texto antes de as enviar e certificar-se de que são comunicações educadas e seguras.

É útil ter uma oportunidade para acalmar os nervos antes de enviar uma resposta aos parceiros (Campbell & Ling, 2009). Reveja o texto para o editar, apagar ou acrescentar. Tente colocar-se no lugar do parceiro que está a receber a comunicação. No entanto, não deixe de lembrar aos seus parceiros que os dois são uma equipa (Chotpitayasunondh & Douglas, 2016). Quanto mais uma equipa for, menos ataques deverão ocorrer devido à defensiva. É vantajoso utilizar as mensagens de texto como forma de comunicar sobre assuntos fáceis do dia a dia (Gergen, 2002). Esta pode ser utilizada como um meio de comunicar sobre assuntos "não provocadores de emoções".

Enquanto clínico, a discussão sobre o facto de as mensagens de texto serem problemáticas está a ocorrer nas conversas clínicas. Oito em cada dez casais em terapia referem este facto como problemático no casamento (Faulkner & Culwin, 2005). Compreender os efeitos das mensagens de texto nos casamentos pode eliminar possíveis problemas de comunicação que os casais com dificuldades na sua relação conjugal possam ter. As mensagens de texto exacerbam o distanciamento emocional na relação conjugal (Drouin, 2012). As mensagens de texto tornaram-se a norma social para a comunicação. Enviamos mensagens de texto sem pensar, porque o mundo diz que é uma forma aceitável de comunicar. Existe uma falsa sensação de segurança com as mensagens de texto (Hemmer, 2009).

Quase parece que as palavras enviadas não vão despoletar a nossa inquietação emocional na relação, trazendo-a à superfície numa conversa que começou inofensivamente. Muitas vezes, são enviadas palavras insignificantes que estão inconscientemente ligadas a raízes emocionais mais significativas ou a pontos cegos na comunicação (Pettigrew, 2009). A sensibilização para os efeitos negativos das mensagens de texto pode incentivar uma ligação mais rica nas relações conjugais. O objetivo deste estudo é interpretar a investigação atual para fundamentar a forma como as mensagens de texto, enquanto comportamento de comunicação, podem ser um comportamento de comunicação negativo para a relação conjugal (Servies, 2012).

Um dos principais objectivos deste capítulo é analisar os resultados encontrados no capítulo quatro relativamente aos efeitos das mensagens de texto na relação conjugal. As mensagens de texto são uma forma eficaz de comunicação, mas são problemáticas nas relações conjugais (Berush, 2016). O uso da tecnologia tem crescido de forma constante durante muitos anos, distraindo-nos da comunicação pessoal. O envio de mensagens de texto é um dos maiores problemas na comunicação conjugal (Chiluwa, et al., 2015). Os casais não só perdem o valor da intimidade presencial nas conversas, como também interpretam mal o significado das declarações através das mensagens de texto.

Na comunicação conjugal atual, ocorreu uma mudança subtil que merece atenção. Antigamente, a tecnologia complementava a interação pessoal, mas agora é uma parte importante da comunicação nas relações conjugais (Faulkner & Culwin, 2005). Mais de 90 por cento dos parceiros conjugais afirmam enviar mensagens de texto para se ligarem a um parceiro pelo menos uma vez por dia (AlAfnan, 2017). Pettigrew (2009) sugeriu que os casais utilizam as mensagens de texto para limitar as conversas, encurtando-as. As mensagens de texto desempenham um papel importante nas relações românticas. A intimidade na comunicação relacional pode ser reduzida nos casamentos através das mensagens de texto. Este estudo investiga, através de um estudo teórico, o efeito das mensagens de texto nas relações conjugais e se a satisfação com as mensagens de texto está correlacionada com a satisfação relacional (Hemmer, 2009). O estudo é conduzido através de uma lente teórica de fenomenologia hermenêutica.

A influência da tecnologia nas nossas vidas não deve ser tomada de ânimo leve, nem o impacto que a tecnologia tem nas nossas relações. A tecnologia pode complicar as relações, uma vez que há menos oportunidades de interação presencial e um risco crescente de má interpretação (Shanhong, 2014). Além disso, muitos de nós tornamo-nos guerreiros do teclado e dizemos coisas através de mensagens de texto que não teríamos coragem de dizer pessoalmente. Podemos optar por comunicar negativamente com o nosso parceiro desta forma, mais voluntariamente do que pessoalmente, e a relação pode sofrer (Wardecker et al., 2016).

Um dos problemas das mensagens de texto é que são rápidas e fazemo-lo rapidamente, em vez de dar prioridade à relação. As conversas relacionais importantes devem ser uma prioridade (Shanhong, 2014). Se a agenda de um dos cônjuges for mais importante do que o bem-estar do casamento, isso já é uma situação difícil. Por exemplo, se tiverem uma ocasião para irem juntos, mas a raiva não estiver resolvida, resolver o ressentimento deve ser a prioridade em vez de irem juntos ao evento (Sufferlin, 2013). Se já tivermos padrões de relacionamento prejudiciais, as mensagens de texto podem ser utilizadas de forma a prejudicar a nossa relação mais do que a melhorá-la. As mensagens de texto podem começar a prejudicar a comunicação ou a ligação de uma forma negativa (Coyne et al., 2011).

Como clínico, a discussão sobre o facto de as mensagens de texto serem problemáticas está a ocorrer nas conversas clínicas. Oito em cada dez casais em terapia referem este facto como problemático no casamento (Faulkner & Culwin, 2005). Compreender os efeitos das mensagens de texto nos casamentos pode eliminar possíveis problemas de comunicação que os casais com dificuldades na sua relação conjugal possam ter. As mensagens de texto exacerbam o distanciamento emocional na relação conjugal (Drouin, 2012). As mensagens de texto tornaram-se a norma social para a comunicação. Enviamos mensagens de texto sem pensar, porque o mundo diz que é uma forma aceitável de comunicar. Existe uma falsa sensação de segurança com as mensagens de texto (Hemmer, 2009).

Quase parece que as palavras enviadas por mensagem de texto não vão despoletar perturbações emocionais nas nossas relações, trazendo-as à superfície numa conversa que começou de forma inofensiva. Muitas vezes, são enviadas palavras insignificantes que estão inconscientemente ligadas a raízes emocionais mais significativas ou a pontos cegos na comunicação (Pettigrew, 2009). A sensibilização para os efeitos negativos das mensagens de texto pode incentivar uma ligação mais rica nas relações conjugais. O objetivo deste estudo é interpretar a investigação atual para fundamentar a forma como as mensagens de texto, enquanto comportamento de comunicação, podem ser um comportamento de comunicação negativo para a relação conjugal (Servies, 2012).

A comunicação entre casais deve criar intimidade e proximidade. A intimidade é a capacidade de se relacionar com outro ser humano a um nível profundo e personalizado (Sufferlin, 2013). A interação através de mensagens de texto provoca isolamento e compromete a interação pessoal com o parceiro. As mensagens de texto são frequentemente enviadas num estado de pressa e, muitas vezes, a pessoa que as envia está preocupada (Solis, 2007). Há alturas em que a mensagem enviada é mal interpretada pelo parceiro, o que se torna problemático para o casal.

O estudo teórico é uma pesquisa extensiva, revisão, análise e interpretação dos estudos já publicados para encontrar um novo significado. Este estudo procura identificar os principais temas, perspectivas e significados e inclui métodos de estudo descritivos (Wilberg, 2006). A revisão da literatura procura informações sobre a comunicação e o envio de mensagens de texto como forma de comunicação e os seus efeitos na relação conjugal. Os dados recolhidos são analisados para registar temas ou padrões importantes para a descrição de um fenómeno e a forma como estão associados às questões de investigação específicas deste estudo (Leung, 2017).

Este estudo explora os efeitos das mensagens de texto no casamento (Wardecker et al., 2016). É teórico e envolve uma revisão completa e abrangente da literatura. Demonstra os efeitos das mensagens de texto na relação conjugal. Envolve uma interpretação hermenêutica da literatura. São abordadas as seguintes questões.

Primeira questão de investigação. Que tipo de informação é melhor transmitida através de mensagens de texto na relação conjugal em comparação com outros modos de comunicação?

Segunda questão de investigação. Quais são as questões envolvidas quando as mensagens de texto são utilizadas na troca de informações importantes com um cônjuge?

Questão de investigação três. Quais são os benefícios e as limitações das mensagens de texto como principal forma de comunicação no casamento?

O objetivo deste estudo teórico é analisar e integrar as abundantes quantidades de dados sobre as mensagens de texto na relação conjugal, abordando particularmente a forma como afectam o curso e o resultado das relações conjugais; que tipos de informação podem ser melhor transmitidos através de mensagens de texto; e quais são os problemas envolvidos quando as mensagens de texto são utilizadas na troca de informações importantes nos casamentos. Já foi referido anteriormente que as mensagens de texto, embora sejam um modo de comunicação frequentemente utilizado nos casamentos, têm consequências negativas para a relação (Przybylaski & Weinstein, 2013). Ao estudar a literatura existente sobre o tema das mensagens de texto, é importante elaborar os modelos empiricamente estabelecidos de mensagens de texto, que incluem os modelos de evitação, o modelo de intolerância à incerteza e o modelo de ansiedade discutidos no capítulo anterior. Estes modelos estão incluídos na teoria geral cognitivo-comportamental da psicologia (Campbell & Ling, 2009).

O objetivo da análise de dados num estudo hermenêutico é manter a singularidade da experiência vivida por cada pessoa e, ao mesmo tempo, permitir a compreensão do significado do próprio fenómeno. Para atingir este equilíbrio, é concebido e aplicado um método de análise baseado nos princípios hermenêuticos associados à procura de significados essenciais (Gergen, 2002). A natureza co-criativa e fluida da fenomenologia hermenêutica, juntamente com o seu objetivo primordial de criar novas compreensões, fornece a justificação para modificar um processo de análise informado por várias fontes. Os métodos de análise de dados para este estudo são adaptados dos princípios fenomenológicos e hermenêuticos e dos métodos utilizados por investigadores como Swinton, Saldana e Smith.

Para realizar a análise dos dados da literatura associada, foram escolhidos artigos acadêmicos centrados na relação do tema com as questões de pesquisa. Neste estudo teórico, a exploração e a incorporação das obras citadas - fontes primárias e secundárias - foram totalmente qualitativas, empregando, assim, raciocínio indutivo, análise comparativa e revisão temática. As análises foram moldadas com base na comparação subjetiva de tais resultados (Creswell, 2013). Os temas foram reconhecidos com base nos assuntos dominantes e na sua ligação direta a uma determinada questão de investigação.

Uma caraterística essencial desta investigação foi a exploração da comunicação por texto com um cônjuge e o tipo de informação enviada por SMS. Assim, uma das principais suposições que reforçam este estudo de doutoramento é que os cônjuges sentem discórdia quando enviam mensagens de texto com informações importantes um para o outro, em vez de conversarem pessoalmente (Campbell & Ling, 2009). Este facto pode fazer com que algumas mensagens sejam mal interpretadas, aumentando assim a desconexão entre os parceiros. Presume-se também que as mensagens essenciais devem ser breves e que as mensagens de texto não devem ser utilizadas para evitar o cônjuge durante a transmissão de informações importantes (Gergen, 2002).

Um princípio adicional em que se baseia este estudo de doutoramento é o de que os inquéritos utilizados nestes estudos que investigam tipos de condições para o envio de mensagens de texto seguiram os procedimentos adequados para a sua administração e emprego. Nos casos em que os investigadores não seguiram exatamente as orientações sugeridas, presume-se que estipularam esses dados, bem como o motivo pelo qual o fizeram. Outra suposição é a de que as entrevistas, os procedimentos e os inquéritos foram conduzidos por profissionais da área que obtiveram um ensino regulamentado na administração da avaliação ou dos procedimentos e que esses profissionais respeitaram as diretrizes éticas para a utilização de participantes em investigação humana, tal como definidas pelo Código de Ética da APA (2010).

Uma limitação de qualquer revisão teórica é o facto de estar diretamente relacionada com os recursos de dados incorporados no estudo, que têm uma influência direta na análise subsequente dos dados. Com ênfase na forma como as mensagens de texto estão relacionadas com a comunicação conjugal e a discórdia, há

uma forte dependência de medidas de auto-relato de evitamento, ansiedade, pensamento negativo repetitivo, intolerância à incerteza e outras medidas, sem tanta dependência de procedimentos implícitos, como investigações fisiológicas ou tarefas Stroop (Mead, 1972). Consequentemente, as parcialidades relacionadas com a utilização de procedimentos de auto-relato, como a fiabilidade, o incentivo, o preconceito de resposta, a administração de impressões e a auto-apresentação, podem ser evidentes, distorcendo provavelmente os resultados da investigação. Uma outra limitação central desta investigação é o facto de o método teórico impedir a simplificação dos resultados para a população em geral (Lai & Katz, 2012). Por último, uma restrição adicional é a mudança de categoria para as observações experimentais envolvidas nesta investigação de doutoramento. A Society of Clinical Psychology Task Force on Promotion and Dissemination ofPsychological Procedures diferencia comportamentos eficazes e acções bem estabelecidas (Katz & Aakhus, 2002).

Um dos principais objectivos deste projeto de doutoramento é fornecer dados relativos aos vários tipos de opções de comunicação disponíveis para um cônjuge que tenha determinado que o envio de mensagens de texto é uma questão central no corte de uma relação conjugal. Normalmente, quando se fala em comunicação via texto, a parcialidade é especificada para as escolhas de comunicação que são categorizadas como não argumentativas ou negativas. Dois estudos experimentais estabeleceram a superioridade das mensagens de texto positivas em relação aos dados negativos trocados por texto, ou a escolha de mensagens de texto estabeleceu a equivalência do resultado com outro modo tradicional de comunicação (Lai & Katz, 2012). No entanto, muitas das possibilidades de envio de mensagens de texto atualmente utilizadas na comunicação conjugal não são bem recebidas, com exceção de breves mensagens de check-in e actualizações. Muitas das comunicações de texto englobadas neste estudo de doutoramento são desvios ou variantes das mensagens de texto breves, mas não suportaram a exigente análise de padrões que permite validar sistematicamente a sua utilização na comunicação conjugal (Perry & Werner-Wilson, 2011).

A conceção e a metodologia de investigação escolhidas destinam-se a responder às questões de investigação que abrangem o objetivo desta investigação. Ao utilizar uma revisão teórica, espera-se que possam ser recolhidos novos dados sobre as mensagens de texto na relação conjugal, de forma a que, em conjunto, se procure eliminar as mensagens de texto indelicadas e compreender os efeitos dos tipos de mensagens na comunicação conjugal (Przybylski & Weinstein, 2013). O capítulo quatro deste projeto de doutoramento descreve os resultados da revisão da literatura, uma vez que corresponde às três questões de investigação que a investigação explora. Através da investigação da informação obtida através da vasta revisão da literatura, prevê-se que a nossa interpretação do papel das mensagens de texto na relação conjugal aumente. A inferência deste projeto de doutoramento, realizada no Capítulo Cinco, recapitula as principais descobertas, enfatiza os efeitos dos resultados através de esclarecimentos e inferências, e apresenta sugestões para mais investigação sobre o tema (Campbell & Ling, 2009).

Implicações para a prática profissional

A utilização de mensagens de texto como meio de comunicação entre parceiros casados é um problema premente, que nos afecta direta ou indiretamente. Há um elemento das mensagens de texto que causa problemas de comunicação, como se viu nesta investigação (Campbell & Ling, 2009). A importância de compreender e identificar os factores psicológicos nos comportamentos de envio de mensagens de texto é fundamental para o cônjuge e para a relação conjugal. Mas, igualmente importantes são as implicações dos resultados desta investigação (Chotpitayasunondh & Douglas 2016).

A investigação mostra que os parceiros conjugais não podem comunicar emoções através de mensagens de texto como o podem fazer em comunicações F2F. Tal como apresentado nesta investigação, as mensagens de texto podem ser utilizadas como meio de evitar a transmissão de informações significativas nas relações conjugais. Os cônjuges precisam de interação F2F para construir intimidade (Gergen, 2002).

Nos últimos anos, o estudo da tecnologia e das relações passou da comunicação para a área da interação relacional. A resposta aos problemas conjugais tornou-se uma exploração da comunicação. Isto deve-se ao facto de se ter tornado mais um problema de comunicação do que uma questão de saber porque é que os cônjuges se comportam da forma como se comportam (Katz & Aakhus, 2002). No entanto, esta investigação sobre mensagens de texto e casamento é importante para o campo da Psicologia porque pode ajudar a detetar sinais de alerta precoce de problemas mais profundos na relação. As informações apresentadas nesta pesquisa podem ajudar a interromper padrões disfuncionais de comunicação via mensagens de texto entre os cônjuges (Lai & Katz, 2012). A expansão dos paradigmas e da investigação nestas duas áreas só pode ser uma solução positiva para a comunicação através de mensagens de texto e para a díade conjugal.

O envio de mensagens de texto e os parceiros conjugais, bem como a interação entre eles, estão repletos de questões complexas que têm de ser interligadas entre várias disciplinas. Uma abordagem multidisciplinar da comunicação, da psicologia e da compreensão social seria um passo poderoso, capaz de ter um impacto fundamental nas atitudes da sociedade relativamente à comunicação através de texto, que, por sua vez, se tornaria a norma da prática (Mead, 1972). Pode ser importante que os clínicos avaliem a utilização de mensagens de texto por um casal na sua relação. Os clínicos podem ser ajudados a compreender estes padrões, a reconhecer o tipo de comportamentos de comunicação existentes e a sua influência na atmosfera emocional da relação. As mensagens de texto podem ser usadas para corroer ou melhorar a segurança e a proteção da relação (Schade, Sandberg, Bean, Busby & Coyne, 2013; Novak et al., 2015). A expressão de afeto através de mensagens de texto pode funcionar para aumentar a relação - independentemente da fase em que a relação se encontra, de acordo com a investigação dos autores. Assim, os clínicos poderiam atribuir aos casais mensagens de texto positivas em intervenções comportamentais, para melhorar as suas relações. Aumentar o número de interações positivas através de mensagens de texto pode, portanto, funcionar para melhorar a relação, contribuindo para a anulação de sentimentos positivos (Katz & Aakhus, 2002; Novak et al., 2015).

De acordo com Novak et al. (2015), a pesquisa destaca a importância de não enviar mensagens de texto maldosas ou ofensivas para um parceiro. Embora a pessoa que envia essas mensagens possa encará-las como uma forma de manter a distância, de se expressar e de controlar a mensagem, essas mensagens podem ter um efeito aversivo na relação e nos comportamentos de comunicação F2F. Os clínicos podem querer avaliar a intensidade e a frequência das mensagens de texto e desencorajar o seu uso nas relações (Abeele et al., 2016; Novak et al., 2015). Uma vez que as mensagens de texto permitem aos utilizadores aumentar a distância, os clínicos podem instruir os casais a pedirem desculpa pessoalmente e não por texto, o que pode parecer falso para o recetor. Além disso, embora a apresentação de um tópico de confronto ou a abordagem de um assunto sério possa afetar negativamente os comportamentos de comunicação F2F de um casal, os clínicos podem ajudar os casais a desenvolver formas eficazes de expressar preocupações, assegurando aos seus parceiros que fazê-lo não é uma ameaça para a relação (Berenbaum, et al., 2012; Novak et al., 2015). De facto, estudos anteriores mostram que o sentimento de insegurança numa relação está associado a competências de comunicação mais fracas, bem como a uma perceção de que o conflito é coercivo.

A este respeito, as preocupações podem ser abordadas de forma mais eficaz quando os parceiros se sentem amados e acarinhados, pelo que levantar preocupações não é equiparado à dissolução da relação (Borkovec, et al., 2004; Novak et al., 2015). Por último, este estudo mostra diferenças na utilização de mensagens de texto por casais em diferentes fases da relação. Aparentemente, os casais que namoram não devem utilizar mensagens de texto ou meios de comunicação para interações potencialmente intensas, uma vez que a relação pode não ser suficientemente estável para lidar com a intensidade (Buhr et al., 2016; Novak et al., 2015). Os casais comprometidos beneficiariam com a utilização dos meios de comunicação social para restabelecer o compromisso mútuo e evitar a expressão de preocupações, uma vez que a ausência de comunicação face a face e o facto de testemunhar as respostas do parceiro podem reduzir a oportunidade de falar e resolver questões difíceis. Além disso, as mensagens de texto podem ser vistas pelo destinatário como uma falta de empenho do parceiro (Carleton et al., 2015; Novak et al., 2015).

Por último, os casais podem utilizar as mensagens de texto para se manterem actualizados sobre os acontecimentos diários dos seus cônjuges, bem como para expressarem afeto e amor um ao outro.

A investigação futura também poderia ser reforçada neste tópico se incluísse as avaliações dos parceiros sobre a utilização individual dos media (Chelsey, 2005; Novak et al., 2015). Por exemplo, o que pode parecer a abordagem de um tópico conflituoso para um indivíduo pode não ser visto da mesma forma pelo seu parceiro. Além disso, a investigação qualitativa ou metodológica mista ajudaria a identificar o aspeto de um pedido de desculpas através de mensagens de texto, o que é considerado uma mensagem maldosa ou como se define um assunto sério (Coyne et al., 2011; Novak et al., 2015). Uma investigação sobre o contexto, as palavras utilizadas e os temas que emergem das mensagens de texto aumentaria a consciencialização sobre a utilização de mensagens de texto nas relações românticas.

Davis (1985) investiga os efeitos da utilização de mensagens de texto por diferentes grupos e sugere que a investigação futura deve ser longitudinal, analisando a relação dos casais ao longo do seu desenvolvimento. Desta forma, surgiria uma imagem mais clara sobre a forma como as mensagens de texto são utilizadas ao longo do tempo nas relações românticas (Novak et al., 2015). Assim, os vários aspectos de como o uso de mensagens de texto afecta os comportamentos de comunicação F2F em casais de namorados, noivos e casados poderiam ser clarificados. Em geral, discutir assuntos sérios, abordar um assunto conflituoso e enviar mensagens ofensivas afecta negativamente os comportamentos de comunicação F2F, enquanto expressar afeto os melhora e fortalece (Chelsey, 2005; Novak et al., 2015).

Recomendações para a investigação

Estudos futuros poderiam orientar os cônjuges evitantes e os seus parceiros para utilizarem comunicações F2F quando se correspondem com o seu parceiro, e observar os seus sentimentos e eficácia nas situações. A investigação futura deve incluir ambos os membros do casal para examinar os efeitos diádicos da comunicação através de diferentes meios. As percepções do parceiro ou da situação também podem ser afectadas pela forma como o parceiro se comporta, ou seja, o que diz ou faz, na situação, o que sugere a importância de não só analisar as consequências relacionadas com a vinculação de um ponto de vista individual, mas também de analisar a forma como os primórdios da vinculação em ambas as partes do casal se envolvem para prever a utilização da tecnologia e os resultados relacionados com a vinculação de uma perspetiva individual. É importante observar também a forma como as orientações da vinculação em ambos os membros do casal se relacionam para calcular a utilização da tecnologia e os seus desejos (Abeele, et al, 2016). Por exemplo, se dois cônjuges evitantes forem emparelhados, grande parte da sua correspondência pode ser efectuada por correio eletrónico. A inclusão de um método diádico aumenta a compreensão dos meios pelos quais as configurações de vinculação do cônjuge prevêem as suas próprias conclusões e os resultados do seu cônjuge (Kenny, Kashy, & Cook, 2006). A investigação futura sobre este tema deve procurar outras tecnologias em desenvolvimento, como o Facebook, o Twitter, o Snapchat e o Skype.

Os cônjuges ansiosos podem estar mais inclinados do que os indivíduos evitantes a verificar o seu parceiro eletronicamente, como, por exemplo, monitorizar o Facebook do seu parceiro para detetar sinais de traição (Fox & Warber, 2014; Marshall, Bejanyan, Di Castro, & Lee, 2013). Devido a essas plataformas públicas modestas, que são usadas para deliberar dificuldades e conflitos relacionais, a exploração dessas plataformas pode ter implicações significativas para os métodos em que os indivíduos com outras orientações de apego as utilizam (Coyne et al., 2011).

Talvez um tópico instigante para investigação futura seja a forma como os cônjuges usam menos os nomes um do outro quando enviam mensagens de texto e como discutem mais o jantar e menos assuntos importantes. Seria igualmente estimulante explorar a frequência com que determinadas palavras apareciam nos seus textos quando começavam a namorar, em comparação com a frequência com que o faziam durante a vida de casados (Berenbaum et al., 2012). A investigação atual sugere que, quando marido e mulher namoravam, usavam mais frequentemente os nomes um do outro; também usavam mais frequentemente as palavras "olá" e "amor". Depois de casados, as palavras "casa" e "jantar" passaram a dominar, e o uso da palavra 'ok' aumentou exponencialmente. A investigação também refere que o contexto em que utilizavam estas palavras era diferente depois do casamento, quando enviavam mensagens de texto (Buhr et al., 2016).

É possível que a investigação futura envolva as diferentes formas como os cônjuges interagem utilizando dispositivos e redes sociais. Os cônjuges podem ficar desanimados se os seus parceiros não gostarem de todas as suas publicações no Facebook, uma expetativa, para muitos, de melhoria conjugal (Davis, 1985). Os casais referem que há certamente coisas que os irritam um ao outro. Relatam que não aguentam ver um programa de televisão e que o cônjuge está a jogar Candy Crush, porque o cônjuge não está realmente a prestar atenção, mas insiste que está. Algumas famílias referem que têm tendência para pôr em dia os e-mails de trabalho assim que a família está ocupada com uma atividade; é a natureza dos seus empregos, dizem (Davis, 1985). Admitem que são culpados de puxar do telemóvel durante os jantares de família; dizem que ver o cônjuge a responder a e-mails num sábado de manhã pode deixá-los zangados, porque parece que o cônjuge está a desistir do dia. Os cônjuges referem que isso os incomoda porque, quando estão em casa, é o momento da família. E com isso querem dizer mentalmente, não apenas fisicamente (Abeele et al., 1985).

Os terapeutas conjugais dizem que a sensação de competir com um Smartphone pela atenção do seu parceiro não é única, especialmente devido à frequência com que estamos a olhar para baixo, em vez de olhar para cima. Isso diz ao seu parceiro que você é menos importante do que o meu telemóvel (Borkovec et al., 2004). Mesmo meros segundos num Smartphone para verificar o tempo ou ver os horários dos filmes podem ter um efeito negativo aos olhos do cônjuge. Embora não exista uma correlação clara entre o tempo de ecrã e a insatisfação conjugal, um relatório de 2014 da Pew Research, *Couples, the Internet and Social Media,* inquiriu 2.250 adultos para avaliar como as relações estavam a resistir à tecnologia (Carleton, et al., 2007). Enquanto 72% dos utilizadores adultos da Internet afirmaram que a Internet não teve "qualquer impacto real" no seu casamento, dos que viram um impacto, 20% afirmaram que foi sobretudo negativo. Um quarto dos inquiridos afirmou que os parceiros se distraíam com o telemóvel quando estavam juntos (Berenbaum et al., 2012). Mas os terapeutas dizem que não é o facto de a utilização do smartphone levar ao divórcio, mas sim o facto de agravar as tensões existentes. Muitos cônjuges referem que o seu parceiro passa demasiado tempo ao telemóvel (Carleton, et al., 2007). Parece que as mulheres podem ser mais sensíveis à rejeição sentida quando um cônjuge olha para o telemóvel do que o marido. As mulheres pensam imediatamente que ele não quer estar comigo e isso dá-lhes uma sensação de separação (Davis, 1985).

Alguns cônjuges gostam de ficar acordados a ler as notícias e a consultar o correio eletrónico, enquanto o seu parceiro considera fundamental que se deitem à mesma hora. É difícil para eles renunciar a isso, mas é um momento importante para passarem juntos (Abeele et al., 2016). Se os casais não falarem um com o outro antes de se deitarem, é pouco provável que se arrastem para a cama com vontade de o fazer. Chamemos-lhe preliminares verbais. Para as mulheres, uma boa conversa com o seu parceiro é uma excitação, uma vez que faz com que se sintam emocionalmente próximas. Mas os homens são frequentemente excitados por sinais visuais (Berenbaum et al., 2012). Isto pode ser um problema quando ambas as pessoas estão enterradas num ecrã. As coisas que melhoram a intimidade são sinais físicos como o contacto visual, rir um do outro, sorrir; isto pode ser resolvido através dos efeitos da dependência da tecnologia (Borkovec et al., 2004). Quando as pessoas dizem que se afastaram, esta é uma forma de o fazer. Estão mais sintonizadas nos seus dispositivos do que umas nas outras. Explorar este facto através da investigação pode ser interessante para o trabalho futuro do casal (Buhr et al., 2016).

Os smartphones podem ser particularmente perturbadores se ambos os parceiros estiverem ao telefone na cama. Os terapeutas afirmam que, quando um casamento atinge uma fase difícil, já viram um ou ambos os parceiros esconderem-se atrás dos seus telemóveis (Carleton et al, 2007). Por exemplo, um cliente temia que a sua mulher se sentisse atraída pelo seu chefe namoradeiro; em vez de abordar o assunto, ele ficou deprimido e passou cada vez mais tempo a jogar no seu Smartphone. Isso distraiu-o, mas não resolveu o problema. Pode ser feito um trabalho com eles para aprenderem a falar um com o outro novamente. Isto parece estar a perder-se nas relações actuais (Chelsey, 2005). Um casal relata que, ao acordar de uma boa noite de sono, o marido se vira para conversar com a mulher, que está frequentemente ao telemóvel, e a mulher relata que isso a ajuda a acordar, referindo que passa algum do seu tempo livre no Twitter (Coyne et al., 2011). Quando ela começa a enviar mensagens de texto ao marido ao fim do dia sobre os planos para o jantar, podem chegar quinze mensagens: O que é que devemos comer? Comer em casa ou fora? Em que bairro? Muitas vezes, ele pega no telefone para lhe telefonar, pois diz que não tem paciência para esse tipo de conversa (Abeele, et al., 2016). A diferença de idade é o motivo: ele diz que prefere conversar. Estes são exemplos perfeitos das formas como a tecnologia está a afetar as famílias e das sugestões de investigação para se avançar na compreensão da profundidade do impacto e da forma como este deve ser gerido no futuro (Berenbaum et al., 2012).

Conclusões

Este estudo enfatiza as diferentes facetas das formas como as mensagens de texto influenciam os comportamentos de comunicação F2F em parceiros casados. Em geral, a análise de tópicos importantes, a apresentação de uma questão desafiadora e a transmissão de comunicações indelicadas influenciam de forma destrutiva os actos de comunicação F2F, enquanto a comunicação de afeto melhora e reforça esses actos (Campbell & Ling, 2009). Os resultados desta investigação demonstram que a profundidade da parceria explica as variações nas formas como os parceiros percepcionam os seus próprios comportamentos de comunicação F2F, bem como os do seu cônjuge. Os textos sobre horários e tarefas são menos propensos a mal-entendidos do que as informações emocionais (Chotpitayasunondh & Douglas, 2016). É provável que a explicação sobre emoções como a angústia, a raiva ou a solidão não termine de forma tão satisfatória como pessoalmente. Seria útil que os clínicos informassem os casais sobre a forma como as mensagens de texto podem tanto prejudicar como melhorar as suas relações (Gergen, 2012).

É importante contemplar estes resultados à luz das limitações do estudo. Para começar, o estudo é fenomenológico, o que impede que se façam interpretações não intencionais sobre se a ênfase na vinculação influencia as emoções e os comportamentos do cônjuge relativamente à utilização da tecnologia nas uniões conjugais (Katz & Aakhus, 2002). É discutível que os cônjuges evitantes não sejam tão propensos a favorecer as trocas F2F. No entanto, as diferenças nos métodos de comunicação podem ser, em parte, um precursor do evitamento da vinculação (Lai & Katz, 2012). A ausência de ligações F2F com outras pessoas íntimas pode levar a comportamentos mais evitantes e reforçar as inclinações evitantes. É concebível que a interação F2F seja uma abordagem operacional para resolver desacordos, mas espera-se que os indivíduos evitantes sejam menos propensos a participar neste tipo de comunicação. A tecnologia intensificou-se consideravelmente ao longo da última década (Chan, 2014) e tornou-se um costume primário para os casais comunicarem (Schade et al., 2013). Os problemas na execução e na utilização destas tecnologias podem pôr em causa as parcerias românticas e prever o fim da relação (Lavner & Bradbury, 2012). Distinguir estilos de comunicação que permitam a resolução construtiva de desacordos para cônjuges ansiosos é um passo fundamental na direção futura para o desenvolvimento de relações duradouras e mais felizes. A presente investigação começa a abordar os mecanismos que podem desencadear as motivações de comunicação de cônjuges apreensivos em parcerias conjugais, o que tem um impacto significativo na literatura relacionada com a vinculação e a conjugalidade (Mead, 1972).

Uma comunicação transparente envolve os típicos pontos cegos da comunicação. Os pontos cegos na comunicação são explicados como aqueles pensamentos, palavras ou acções de que se pode ou não dar conta no dia a dia, mas que frequentemente podem ter um impacto negativo em si e no seu cônjuge a longo prazo (Campbell & Ling, 2009). É essencial compreender como evitar os pontos cegos da comunicação no seu desenvolvimento conjugal e relacional, através da consciencialização destes pontos cegos, tanto no dia a dia como nos meios de comunicação social e digital, podendo evitar desgostos e danos na relação. [st]Alcançar o sucesso da relação nesta cultura do século XXI requer uma gestão saudável e fiável da comunicação. Este estudo confirma que a intimidade dos cônjuges é reduzida através da comunicação digital e pode ser melhorada através da consciencialização dos efeitos das mensagens de texto na relação conjugal (Perry & Werner-Wilson, 2012).

REFERÊNCIAS

Abeele, M. M. V., Antheunis, M. L.,& Schouten, A. P. (2016). O efeito das mensagens móveis durante uma conversa na formação de impressões e na qualidade da interação. *Computers in Human Behavior, 62,* 562-569.

AlAfnan, M. (2017) Intertextualidade na comunicação eletrónica. *Investigação científica. 5*(1), 23-49. doi: 10.4236/ajc.2017.51002.

American Psychiatric Association (2010) Diagnostic and Statistical Manual ofMental Disorders (6th ed). Washington, DC: Autor.

Associação Americana de Psiquiatria. (2013). *Manual de diagnóstico e estatística das perturbações mentais* (5th ed.). Washington, DC: Autor.

Barron, N. (2008). Sempre ligado: Language in an online and mobile world. NewYork: Oxford.

Bartholomew, K. (1990). Avoidance of intimacy: An attachment perspective. *Journal of Social and Personal Relationships, 7,* 147-178.

Bauman, Z. (2003). Amor líquido: On the frailty ofhuman bonds. Cornwall: Polity Press. Beck, A. T. (1976). *Cognitive therapy and the emotional disorders.* NewYork, NY: International University Press.

Beck, A. T., Rush, J. A., Shaw, B. F., & Emery, G. (1979). *Terapia cognitiva para depressão.* NewYork, NY: Guildford Press.

Bell, D. (1990). *Husserl.* Londres, Inglaterra: Rutledge.

Berenbaum, H., Bredemeier, K., Thompson, R. J., & Boden, M. T. (2012). Preocupação, depressão anedónica e estilos emocionais. *Terapia Cognitiva e Pesquisa, 36,* 72-80.

Berger, C. R. e Calabrese, R. J. (1975), Some explorations in initial interaction and beyond: Para uma teoria do desenvolvimento da comunicação interpessoal. Humano CommunicationResearch, 1: 99-112. doi: 10.1111/j.l468-2958.1975.tb00258.x.

Berusch, A. (2016). Não queres parecer mais na conversa: Texting, conflict and maintenance in early romantic relationships. *Universidade do Colorado, Boulder, CO.*

Tese de Honra.Paperll76. Recuperar de

http://scholar.colorado.edu/cgi/viewcontent.cgi? Article=2284&context=honr_theses.

Borkovec, T. D., Alcaine, O., & Behar, E. (2004). A teoria da evitação da preocupação e a

Perturbação de ansiedade. Em R. G. Heimberg, C. L. Turk & D. S. Mennin (Eds.),

Generalized

Perturbação de ansiedade: Avanços na investigação e na prática. (pp. 77-108). Nova Iorque,

NY: Guildford Press.

Bradbury, T. N., Fincham, F.D., & Beach, S. R. (2000). Investigação sobre a natureza e a

Determinantes da satisfação conjugal: A decade in review. *Journal of Marriage and*

Família, 62(4), 964-980.

Buhr, K., & Dugas, M. J. (2016). A escala de intolerância à incerteza: Propriedades psicométricas da

versão em inglês. *Behavior Research and Therapy, 40(8),* 931-945.

Burgoon, J. K. (1993). *Interpersonal expectations, expectancy violations, and emotional*

communication (Expectativas interpessoais, violações de expectativas e comunicação

emocional). Journal of Language and Social Psychology, 12(12), 30-48.

Universidade do Sul da Califórnia. (2017). Manual do projeto de doutoramento. [Recurso online].

Recuperado de https://leamers.calsouthcm.cdu.

Cameron, A., & Webster, J. (2011). Resultados relacionais da multi-comunicação: Integrating

incivility and social exchange perspectives. *Organization Science, 22,* 754e771.

Campbell, S.W., & Ling, R. (2009). Efeitos da comunicação móvel. Em J. Bryant, & M. B.

Oliver (Eds.), Media effects: Advances in theory and research (3rd ed., pp. 592-606).

NewYork: Taylor & Francis.

Carroll, S., Hill, E., Yorgason, J. B., Larson, J. H., & Sandberg, J. G. (2013). Casal

A comunicação como mediador entre o conflito trabalho-família e a satisfação conjugal.

Contemporary Family Therapy: *An International Journal, 35*(10) 530-544.

Carleton, R. N. (2012). O constructo intolerância à incerteza no contexto da ansiedade perturbações: perspectivas teóricas e práticas. *Expert Review of Neurotherapeutics, 12(8),* 937-947. doi: 10.1586/em.l2.82

Carleton, R. N., Norton, M. A.,& Asmundson, G. J. (2007). Fearing the unknown: A short Version of the intolerance of uncertainty scale. *Journal of Anxiety Disorders, 21,* 105117.

Cervone, D., & Pervin, L. A. (2013). *Personality: Teoria e pesquisa* (12th ed.). Hoboken, NJ: John Wiley & Sons.

Chan, M. (2014). Multimodal connectedness and quality oflife: Examinar as influências da adoção de tecnologia e da comunicação interpessoal no bem-estar ao longo da vida. *Journal of Computer-Mediated Communication, 20*(1) 3-18. doi: 10.HH/jcc4.12089.

Chesley, N. N. (2005). Blurring boundaries? Linking technology use, spillover, individual Distress, andfamily satisfaction. *Journal of Marriage and Family, 67,* 1237-1248.

Chiluwa, I., Chimuanya, L., Ajiboye, E., & Peter, A. (2015). Texting e relacionamento: Examinar as estratégias discursivas na negociação e manutenção de relações através do telemóvel. *Revista do Pacto de Estudos Linguísticos, 3(2),* 15-38.

Chopik, W., Kim, E., & Smith, J. (2014). As pessoas são mais saudáveis se os seus parceiros forem mais optimistas? O efeito diádico do otimismo na saúde entre adultos mais velhos. *Journal of Psychosomatic Research, 76(6),* 447-453. DOI: 10.1016/j.jpsychores.2014.03.104.

Chotpitaayasunondh,V., &Douglas ,K.,(2016).HowPhubbing becomes the norm: The antecedents and consequences of snubbing via Smartphone. Computadores em Comportamento Humano, 63, 9-18.

Clark, M. S., & Reis, H. T. (1988). Interpersonal processes in close *relationships. Annual Review of Psychology, 39(1),* 609-672.

Collins, W. (2012). *Collins English Dictionary.* NewYork, NY: HarperCollins.

Copeland, L. (2013). Envolvimento e a ligação aos media sociais. *Novos media e sociedade*

Journal, 16 (3) 488-506.

Coyne, S. M., Stockdale, L., Busby, D., Iverson, B., & Grant, D. M. (2011). "I luv you:)": A descriptive study of the media use of individuals in romantic relationships. *Family Relations Interdisciplinary Journal of Applied Family Studies, 60*(2), 150-162.doi: 10.HH/j.1741-3729.2010.00639.x

Creswell, J.W. (2013). *Investigação qualitativa e conceção de investigação: Choosing among five approaches* (3rd ed.). Thousand Oaks, CA: Sage Publications.

Cutler, T., (2014). Volume de texto auto-descrito pelo adolescente: Descobrindo relações com o desenvolvimento psicossocial e o desenvolvimento interpessoal. *Universidade Estadual de Utah,* Tese de Mestrado em Ciências. Recuperado de: http://digitalcommons.usu.edu/etd/3696/.

Davis, K. (1985). Near and dear: Friendship and love compared. *Psychology Today, 19,* 2230.

de Guzman, A. B., Lacao, R., & Larracas, C. (2015). A structural equation modeling on the Factors affecting intolerance of uncertainty and worry among a select group of FilipinoElderly. *Gerontologia Educacional, 41(2),* 106-119.

Denzin, N. K. (1992). Symbolic interactionism and cultural studies: The politics of Interpretation. Cambridge, MA: Blackwell.

Deschenes, S. S., Dugas, M. J., Radomsky, A. S., & Buhr, K. (2010). Manipulação experimental de crenças sobre incerteza: Efeitos no processamento interpretativo e no acesso a esquemas de ameaça. *Journal of Experimental Psychopathology, 1*(1), 52-70.

Drouin, M. (2012). Texting, sexting e apego nos relacionamentos românticos de estudantes universitários. *Computers in Human Behavior, 28*(2), 444-449. doi: 10.1016/j.chb.2011.10.015.

Dugas, M. J., Buhr, K., & Ladouceur, R. (2004). O papel da intolerância à incerteza na etiologia e manutenção da perturbação de ansiedade generalizada. Em R. G. Heimber, C. L.

Turk & D. S. Mennin (Eds.), *and Generalized anxiety disorder: Advances in research and practice* (pp. 143-163). NewYork, NY: Guildford Press.

Dugas, M. J., Laugesen, N., & Bukowski, W. M. (2012). Intolerância à incerteza, medo da ansiedade e preocupação do adolescente. *Journal of Abnormal Child Psychology, 40*(6), 863870. doi: 10.1007/S10802-012-9611-1.

Duran, Rene & Oliva, Doris & Sepulveda, Maritza & Urra, Alejandra. (2014). Roles of Texting, *Research Journal for Human Sciences, 12*(2).

Evans, D. R., & Segerstrom, S. C. (2011). Porque é que as pessoas atentas se preocupam menos? *Cognitivo*

Therapy and Research, 35, 505-510. doi: 10.1007/sl0608-010-9340-0.

Faulkner, X., & Culwin, F. (2005). Quando são os dedos a falar: A study of text messaging. *Interacting With Computers, 17*(2), e 165-185. doi: 10.1016/j.intcom.2004.11.002.

Fox, J & Warber, K (2014). O papel doFacebook no desenvolvimento de relacionamentos românticos: Uma exploração do modelo de estágio relacional de Knapp. *Journal of Social & Personal Relationships. 3*(5) 14-21

Gallagher, S. & Sorensen, J. B. (2006). Experimentando a fenomenologia. *Consciousness and Cognition, 15,* 119-134.

Gergen, K (2002). "O desafio da presença ausente" *Perpetual Contact: Comunicação móvel, conversa privada, atuação pública.* 227-241.

Giorgio, A. (1985) Sketch of a Psychological Phenomenological Method. Pittsburg: Duquesne Press.

Giorgi, A. (2008). A propósito de um grave mal-entendido sobre a essência do método fenomenológico em psicologia. *Journal of Phenomenological Psychology, 39*(1), 33-59.

Giorgi, A. & Gallegos, N. (2005). Vivendo algumas experiências positivas de psicoterapia. *Revista de Psicologia Fenomenológica, 36*(2).

Hampton, K. N. (2016). Persistent andpervasive community new communication Technologies andthe future of *community. American Behavioral Scientist, 60*(1), 101124.

Hayes, S. C., Strommel, K. D., & Wilson, K. G. *(1999). Terapia de Aceitação e Compromisso: An*

Experiential approach to behavior change. New York, NY: Guildford Press.

Hayes-Skelton, S. A., Roemer, L., Orsillo, S. M., & Borkovec, T. D. (2013). Uma visão contemporânea do relaxamento aplicado para o transtorno de ansiedade generalizada. *Cognitive Behavior Therapy, 42*(4), 1-12. doi: 10.1080/16506073.2013.777106.

Hemmer, H (2009). Impact ofText Messaging on Communication (Impacto das mensagens de texto na comunicação). *Journal of Graduate Research* at Minnesota State University, *9* (5).

Hertlein, K., Ancheta, K. (2014). Vantagens e Desvantagens da Tecnologia nos Relacionamentos: Findings from an open ended Survey. *The Qualitative Report, 79*(11) 1111.

Hertlein, K. M., & Blumer, M. L. (2013). A estrutura tecnológica do casal e da família: Relações íntimas numa era digital. Nova Iorque, NY: Rutledge.

Hooker, C. (2015). Compreender a empatia: Porque é que a fenomenologia e a hermenêutica podem ajudar a educação e a prática médicas. *Medicine, Health Care, and Philosophy, 18(4),* 541-552. doi: 10.1007/sll019-015-9631-z.

Husserl, E. (1952/1980). *Phenomenology and the foundations of the sciences.* Boston: Martinus HijhoffPublishers.

Ishii, K., & Wu, C. (2006). A comparative study of media cultures among Taiwanese and Japanese youth (Um estudo comparativo das culturas dos media entre jovens taiwaneses e japoneses). *Telematics and Informatics, 23,* 95-116.

Jin, B., & Pena, F. (2010). Mobile Communication in Romantic Relationships. *Revista de Comunicação. 23*(1). 14-21.

Johnson, S. (2008) New Perspectives on Language and Media. *Journal of Social Linguistics, 12-.* 241-249.

Katz, J. E. (2004). Uma nação de fantasmas? Choreography of mobile communication in public spaces (Coreografia da comunicação móvel em espaços públicos). Em K. Nyiri (Ed.), Mobile democracy: Essays on society, self and politics (Ensaios sobre a sociedade, o eu e a política) (pp. 21-32). Viena: Passagen Verlag.

Katz, J.E.,& Aakhus, M. (2002). Contacto perpétuo: Mobile communication, private talk, public performance. Cambridge University Press.

Kenny, D.A., Kashy, D.A., Cook, W.L., (2006) Dyadic data analysis. NewYork: Guilford Publicações.

Kerkhof, P., Finkenauer, C., & Muusses, L. D. (2011). Consequências relacionais do uso compulsivo da Internet: Um estudo longitudinal entre recém-casados. *Human Communication Research, 37(2),* 147-173.

Keysar, B., Converse, B. A., Wang, J., & Epley, N. (2008). Reciprocidade não é dar e receber: Reciprocidade assimétrica para actos positivos e negativos. *Psychological Science, 19*(12), 1280-1286.

Kinsella, E. (2015) Embodied Knowledge: Rumo a uma viragem corpórea na prática profissional, na investigação e na educação. In: Green B., Hopwood N. (Eds) O Corpo na Prática Profissional, Aprendizagem e Educação. *Professional and Practice-based Learning, 11.* e Cham doi: https://doi.org/10.1007/978-3-319-00140-1_15.

Ladouceur, R., Talbot, F., & Dugas, M. J. (1997). Expressões comportamentais de intolerância à incerteza na preocupação: Resultados experimentais. *Behavior Modification, 21,* 355-371.

Lai, C. H., & Katz, J. E. (2012). Estamos evoluídos para viver com telemóveis? Uma visão evolutiva da comunicação móvel. Periodica Polytechnica. *Ciências Sociais e de Gestão, 20(1),* 45.

Laurenceau, J. P., Barrett, L. F., & Pietromonaco, P. R. (1998). Intimidade como um processo interpessoal: The importance of self-disclosure, partner disclosure, and perceived partner responsiveness in interpersonal exchanges. *Journal of Personality and Social Psychology, 74(5),* 1238.

Lavner, J., & Bradbury, T., (2012) Models of Marital Deterioration (Modelos de deterioração conjugal*). Journal of Family Psychology, 26*(4), 606-616.

Leggett, C., & Rossouw, P. (2014). O impacto do uso da tecnologia nas relações de casal: Uma perspetiva neuropsicológica. *Revista Internacional de Neuropsicoterapia 2*(1), 44-99.

Lenhart, A., & Duggan, M. (2014). Couples, the Internet, and social media. Projeto Pew Internet e Vida Americana.

Leung, L. (2017) Unwillingness to Communicate Motive in Texting. *Telematics & Informatics 24*(2), 115-129.

Levenson, R.W., Carstensen, L., & Gottman, J. (1994). Influence of Age and Gender on Affect, Physiology and Their Interrelations: A Study of Long-term Marriages. *Journal of Personality and Social Psychology, 67*(1), 56-68: doi:10.1037/0022- 3514.67.1.56,

Levy, Y., & Ellis, T. J. (2006). Towards a framework ofliterature review process in support of information systems research. *Procedimentos da Conferência Informing Science + Information Technology Education 2006,* Greater Manchester, Reino Unido.

Lister-Landman, K. M., Domoff, S.E.,& Dubow, E. F. (2017). O papel do envio compulsivo de mensagens de texto no funcionamento académico dos adolescentes. *Psicologia da Cultura Popular dos Media, 6*(4), 311-325. doi: 10.1037/ppm0000100.

Lovecraft, H. P. (1945). *Supernatural horror in literature.* NewYork, NY: Ben Abramson Lucero, J., Weiss, A., Smith-Darden, J. & Lucero, S. (2014). Explorando as diferenças de género na tecnologia socialmente interativa *Affilia, 29*(4). 478-491.

Marshall T., Bejanyan, K., Di Castro, G., Lee, R. (2013) Attachment styles as predictors of Facebook-relatedjealousy and surveillance in romantic relationships. *Pers Relatsh 20:* 1-22.

McAdams, D.P.,& Constantian, C. A. (1983). Intimidade e motivos de afiliação na vida quotidiana: An experience sampling analysis. *Journal of Personality and Social Psychology, 45,* 851-861.

McCombs, M. (1972). Mass media in the marketplace. Journalism Monographs, 24, 1-104.

McDaniel, B. T., & Coyne, S. M. (2016). "Technoference": A interferência da tecnologia nas relações de casal e as implicações para o bem-estar pessoal e relacional das mulheres. *Psicologia da cultura popular dos media, 5*(1), 85.

McEvoy, P. M., & Mahoney, A. E. (2011). Alcançar a certeza sobre a estrutura da intolerância à incerteza numa amostra que procura tratamento com ansiedade e depressão. *Journal of Anxiety Disorders, 25*(1), 112-122.

Mcllwraith, R. D. (1998). "Sou viciado em televisão": The personality, imagination, and TV watching patterns of self-identified TV addicts. *Journal of Broadcasting & Electronic Media, 42*(3), 371-386.

McKenna, K. Y., & Bargh, J. A. (1999). Causas e consequências da interação social na Internet: A concetual framework. *Psicologia dos Media, 1*(3), 249-269.

Mead, G. H. (1972). Mind, self, and society. From the standpoint of a social behaviorist. Chicago, IL: University of Chicago Press.

Mentor, D., (2017), Exploração e conetividade através do mobile texting. Tese de doutoramento. Teachers College, Universidade de Columbia.

Miller-Ott, A. E., Kelly, L., & Duran, R. L. (2012). The effects of cell phone usage rules on satisfaction in romantic relationships [Os efeitos das regras de utilização do telemóvel na satisfação das relações românticas]. *Communication Quarterly, 60*(1), 17-34.

Misra, S., Cheng, L., Genevie, J., & Yuan, M. (2016). O efeito iPhone: A qualidade das interações sociais presenciais na presença de dispositivos móveis. *Environment and Behavior, 48*(2), 275-298.

Morrissette, P. J. (1999). Análise Fenomenológica de Dados: A Proposed Model for Counselors. *Guidance & Counseling, 15, 10-15.*

Murray, S. L. (1999). The quest for conviction: Motivated cognition in romantic relationships. *Psychological Inquiry, 10,* 23-34.

Nakamura, T. (2015). A ação de olhar para o ecrã de um telemóvel como um sinal não verbal comportamento/comunicação: Uma perspetiva teórica. *Computadores no Comportamento Humano, 43,* 68-75.

Newman, M. G., & Llera, S. J. (2011). Uma nova teoria de evitação experiencial no transtorno de ansiedade generalizada: Uma revisão e síntese de pesquisas que apoiam um modelo de evitação de contraste de preocupação. *Clinical Psychology Review, 31(3),* 371-382. doi:10.1016/j.cpr.2011.01.008.

Novak, J. R., Sandberg, J. G., Jeffrey, A. J., Young-Davis, S. (2015). The Impact ofTexting on Perceptions of Face-to-Face Communication in Couples in Different Relationship Stages," *Journal of Couple and Relationship Therapy,* doi: 10.1080/15332691.2015.1062452 acedido em 25 de janeiro www.tandfonline.com.

Oulasvirta, A., Tamminen, S., Roto, V., & Kuorelahti, J. (2005). Interação em rajadas de 4 segundos: A natureza fragmentada dos recursos atencionais na IHC móvel. In Proceedings of the SIGCHI conference on Human factors in computing systems (pp. 919-928). ACM.

Park, N., Lee, S., & Chung, J. E. (2016). Usos de mensagens de texto no telemóvel: An integration of motivations, usage patterns, and psychological outcomes [Uma integração de motivações, padrões de utilização e resultados psicológicos]. *Computadores em Comportamento Humano, 62,* 712-719.

Perlman, D., & Fehr, B. (1987). The development of intimate relationships. Em D. Perlman, & S. Duck (Eds.), Intimate Relationships: Development, dynamics, and deterioration (pp. 13-42). Beverly Hills: Sage

Perry, M. S., &Wemer-Wilson, R. J. (2011). Casais e comunicação mediada por computador: A Closer look at the affordances and use of the channel. *Family and Consumer Sciences Research Journal, 40*(2), 120-134. doi: 10.1111/j.l552- 3934.2011.02099.x.

Pettigrew, P., (2009). Mensagens de texto e ligação com pessoas próximas relacionamentos. *Marr/age and Family Review 45*(6-8):697-719.

PewResearch Center. (2014). Actividades com o telemóvel, http://www.pewintemet.org/datatrend/ mobile/cell-phone-activities/.

Polkinghome, D. E. (1983). Metodologia para as Ciências Humanas: Systems oflnquiry. Albany, NY: State University ofNewYork Press.

Polio, H., Henley. T., & Thompson, C. (1997) Phenomenology ofEveryday Life. Cambridge:

Cambridge University Press.

Prager, K. J. (1995). The psychology ofintimacy. NewYork: Guilford Press.

Price, R. B., Siegle, G., & Mohlman, J. (2012). Desempenho de stroop emocional em adultos mais velhos: Effects ofhabitual worry. *American Journal of Geriatric Psychiatry, 20*(9), 798-805.

Przybylski, A. K., Murayama, K., DeHaan, C. R., & Gladwell, V. (2013). Motivational, emotional, and behavioral correlates of fear of missing out. *Computadores em Comportamento Humano, 29*(4), 1841-1848.

Przybylski, A. K., & Weinstein, N. (2013). Can you connect with me now? Como a presença da tecnologia de comunicação móvel influencia a qualidade da conversa cara a cara. *Journal of Social and Personal Relationships, 30,* 237-246.

Rainie, L., & Zickuhr, K. (2015). A opinião dos americanos sobre etiqueta móvel. PewResearch Centro. agosto de 2015. Disponível em: http://www.pewintemet.org/2015/08/26/americans-views-on- mobile-etiquette/.

Reed, L., Tolman, R., & Sayfayer, P. (2015). Demasiado perto para ser confortável: Apego, romance e intrusão eletrónica. *Computadores em Comportamento Humano. 50.* 431-438.

Reis, H. T., & Patrick, B. P. (1996). Apego e intimidade: Processos componentes. Em E. T. Higgins, & A. W. Kruglanski (Eds.), Social psychology: Handbook ofbasic principles (pp. 523-563). NewYork: Guilford.

Reis, H. T., & Shaver, P. (1988). Intimidade como um processo interpessoal. Em S. Duck (Ed.), Handbook of personal relationships: Teoria, relações e intervenções (pp. 367389). Chichester; Nova Iorque.

Roberts, M. (1982). Homens e mulheres: Partners, lovers and *friends. Advances in Descriptive Psychology, 2,* 57-78.

Roberts, J. A., & David, M. E. (2016). A minha vida tornou-se uma grande distração com o meu telemóvel: O phubbing do parceiro e a satisfação no relacionamento entre parceiros românticos. *Computadores em Comportamento Humano, 54,* 134-141.

Robichaud, M. (2013). Terapia cognitivo-comportamental visando a intolerância à incerteza: Aplicação a um caso clínico de transtorno de ansiedade generalizada. *Prática Cognitiva e Comportamental, 20*(3), 251-263. doi: 10.1016/j.cbpra.2012.09.001.

Rockinson, S. (2012). A comparison study on electronic verses print. *Computadores e Educação, 63,* 259-266.

Roemer, L., & Orsillo, S. M. (2002). Expandir a nossa concetualização e tratamento da perturbação de ansiedade generalizada: Integrando abordagens baseadas na atenção plena/aceitação com modelos cognitivo-comportamentais existentes. *Clinical Psychology: Science and Practice, 9,* 54-68.

Sandberg, J. & Schade, L., (2013) Texting and Romantic Relationships. *Journal of Couple and Relationship Therapy. 72.*314-338.

Schade, L. C., Sandberg, J., Bean, R., Busby D. & Coyne, S. (2013). Usando a tecnologia para se conectar em relacionamentos românticos: Efeitos no apego, satisfação no relacionamento e estabilidade em adultos emergentes. *Journal of Couple and Relationships Therapy, 12(A),* 314 338.

Tesoura, L (2012). Tivemos uma luta de textos: Compreender o papel da tecnologia mediada comunicação em conflitos de casais românticos. Trabalho apresentado na Conferência de 2012 da Associação Internacional de Comunicação. Phoenix, AZ.

Servies, A., (2012). Telemóveis e comunicação entre casais: O impacto das distracções dos dispositivos móveis durante uma Interação Diádica (2012) Tese de Doutoramento em Ciências Psicológicas.l.

Shanhong. L., (2014). Effects of texting on satisfaction in romantic relationships (Efeitos das mensagens de texto na satisfação das relações românticas). *Elsevier. 33.*145-152.

Simpson, J. A. e Rholes, M. (2012), Bringing the Partner into Attachment Theory and Research. *Journal of Family Theory & Review, 4:* 282-289. doi:10.1111/j.l756- 2589.2012.00134.x.

Skirry, Justin (2006). Rene Descartes: A distinção mente-corpo. *Enciclopédia de Filosofia da Internet.* Londres e Nova Iorque: Thoemes-ContinuumPress, 2005.

Slater, M., & Gleason , K. , (2012). Contributing to Theory and Knowledge in Communication. *Métodos e Medidas de Comunicação, 6*(4):1-21.

Solis, R. (2007). Texting Love: An Exploration of Texting as a Medium for *Romance. Media Culture Journal, 10(f)* 66-72.

Spencer, L., Ritchie, J., Lewis, J., & Dillon, L. (2003). *Quality in Qualitative Evaluation'. A framework for assessing research evidence.* Gabinete do Investigador Social Principal do Governo, Londres: Cabinet Office.

Su, H. (2016). A ligação constante como condição mediática do amor: Where bonds become bondage. *Media, Cultura e Sociedade, 38*(2), 232-247.

Sufferlin, A. (2013). Relações textuais: Os casais que enviam demasiadas mensagens de texto não estão tão apaixonados como querem que se pense. *Time.com.* Retrieved from http://healthland.time.com/2013/10/31/if- your-guy-is-texting-you-a-lot-hes-not-that- into-you/.

Suler, J. (2010). Diretrizes interpessoais para o envio de mensagens de texto. *International Journal of Applied Psychoanalytic Studies, 7*(4), 358-361. doi: 10.1002/aps.26.

Turkle, S. (2011). Alone together: Why we expect more from technology and less from each other [Por que esperamos mais da tecnologia e menos uns dos outros]. Nova Iorque, NY: Basic Books.

Valkenburg, P.M., & Peter, J. (2007). Online communication and adolescent wellbeing: Testing the stimulation versus the displacement hypothesis. *Journal of Computer- Mediated Communication, 12(A),* 1169-1182.

Wardecker, B., Chopik, W., Boyer, M., & Edelstein, R. (2016). As diferenças individuais no apego estão associadas ao uso e à intimidade percebida de diferentes meios de comunicação. *Computers in Human Behavior, 59,* 18-22. doi: 10.1016/j.chb.2016.01.029.

Wei, R., & Lo,V. (2006). *Staying Connected, 8* (1), 53-72. Edição publicada: 1 de fevereiro de 2006 https://doi.org/10.1177/1461444806059870.

Wilberg, P. (2006). O princípio da consciência, Advaita e a fenomenologia europeia. *TheNewYoga.org*. Recuperado de http://www.thenewyoga.org/advaita.htm.

Wilding, R. (2006). Intimidades "virtuais" Famílias que comunicam em contextos transnacionais. *Global Networks, 6(2),* 125-142.

Wolpe, J. (1958). *Psychotherapy by reciprocal inhibition [Psicoterapia por inibição recíproca].* Stanford, CA: Stanford University Press.

Yin, R. (2006). Case Study Research Design and Methods. Sage Publications, Thousand Oaks.

Zahavi, D. & Gallagher, S. (2008). Resposta: Uma fenomenologia com pernas e cérebro. *Abstrata. Linguagem, Mente e Ação. Número Especial II,* 86-107. Obtido de http://abstrata.oa.hhu.de/index.php/abstrata/article/view/107/92.

Zillmann, D. (1988). Gestão do humor através de *escolhas* de comunicação. *Americano Behavioural Scientist, 31,* 327-340.

Printed by Books on Demand GmbH, Norderstedt / Germany